JN224885

ビジュアルガイド

恐竜の生態と行動

DINOSAUR BEHAVIOR

AN ILLUSTRATED GUIDE

Published by Princeton University Press
41 William Street, Princeton, New Jersey 08540
99 Banbury Road, Oxford OX2 6JX
press.princeton.edu

ビジュアルガイド
恐竜(きょうりゅう)の生態(せいたい)と行動(こうどう)

2025年4月30日 第1版第1刷発行

著　者　マイケル・J・ベントン
イラスト　ボブ・ニコルズ
監訳者　久保田克博、田中康平
訳　者　喜多直子
翻訳協力　株式会社 トランネット www.trannet.co.jp
発行者　矢部敬一
発行所　株式会社 創元社 https://www.sogensha.co.jp/
〈本　社〉〒541-0047 大阪市中央区淡路町4-3-6
Tel.06-6231-9010㈹ Fax.06-6233-3111
〈東京支店〉〒101-0051 東京都千代田区神田神保町1-2 田辺ビル
Tel.03-6811-0662㈹
装丁・組版　寺村隆史

ISBN978-4-422-43064-5 C1045

ビジュアルガイド

恐竜の生態と行動

DINOSAUR BEHAVIOR

AN ILLUSTRATED GUIDE

マイケル・J・ベントン●著
ボブ・ニコルズ●イラスト
久保田克博／田中康平●監訳
喜多直子●訳

創元社

目次 CONTENTS

第5章 摂食行動 133

第6章 社会的行動 163

第7章 恐竜と人類 197

はじめに

木々のあいだから飛び出したティラノサウルスが、幼いトリケラトプスに襲いかかる。皮膚が鱗と色鮮やかな羽毛で覆われた*[1]この巨大な肉食恐竜は、恐怖におののく植物食恐竜に容赦なく牙を立て、数tもの力で骨まで噛み砕く……。

映画でもおなじみのシーンだが、いったいその何割が想像に頼ったものなのだろう。私たちが恐竜*[2]の生態を知るためには、その暮らしぶりをあらゆる側面から調べる必要がある。しかし、タイムマシーンでもないかぎり、この驚異的な生物の外見や行動を正確に知ることができないのでは？——いいや、そんなことはない。私たちには化石がある。そして、現在の動物と化石を比較するすばらしい技術も。

たしかにかつては、恐竜の走行能力についての議論は想像に頼っていた。ある教授が「ティラノサウルスの動きはゆっくりだった」と言えば、別の教授が「いいや、巨大なダチョウほどのスピードで駆け抜けることができた」と反論するといったぐあいだ。それが今では、ティラノサウルスの走行スピードが意外と遅い時速27kmだったと計算で推定されるようになった。足跡化石の歩幅を測定したり、現生動物の肢の筋肉量と最高速度の関係に基づいて、恐竜の筋肉量の推定値から走行スピードを算出したりするのだ。

恐竜について正しい知見を得ることには価値がある。なにしろ恐竜は、約1億6000万年にもわたって地球の陸地で繁栄を続けたのだから。恐竜たちがどのような食物網（フードウェブ）を形成していたか（どの恐竜が何を食べていたか）、なぜあれほど巨大化することができたのか、また、現在の動物群（ワニ類、トカゲ類、鳥類（ちょうるい）、哺乳類（ほにゅうるい）など）の祖先とどのように関わり合っていたのかなど、その生態を理解することは重要だ。

恐竜同士はどのような関係を築いていたのだろう。互いに干渉せず単独で行動をしていたのか、それとも家族を形成して子育てをしていたのか。現存する近縁な仲間であるワニ類や鳥類のような行動をしていたのだろうか。たとえば、鳥のようなディスプレイはどうだろう。オスの恐竜がメスの前で求愛ダンスを踊ったり、美しい尾やとさかを見せてアピールしたりしていたのだろうか。

私たち古生物学者は、10日に1種のペースで恐竜の新種を命名している。つまり近年、かつてないほどの勢いで新たな恐竜が発見されているのだ。現場で化石の発掘調査をしていないときは研究室で化石と向き合い、恐竜がどのように暮らし、求愛し、争い、食事をして、仲間と合図を送り合ったり、関わり合ったりしていたのかと、知識の空白を埋めるべく研究を行っている。この本では、かつて地球上を闊歩していたその魅力的な巨大生物について、私たちが科学と発見を通して手に入れた真実についてお話ししよう。

トリケラトプスの幼体とティラノサウルス
体重が5～8tもある捕食者なら、どんな植物食恐竜だって殺して食べてしまいそうだ。しかし、成体のトリケラトプスは首をガードする骨のフリル（襟飾り）と、顔に3本の大きな角を持ち、それらが防具の役割を果たしていたと考えられている。

*［訳注1］鱗の化石の発見から、ティラノサウルスの体の大部分は羽毛には覆われていなかったとされる。
*［訳注2］本書で扱う「恐竜」は鳥類を除いた恐竜類を指す。

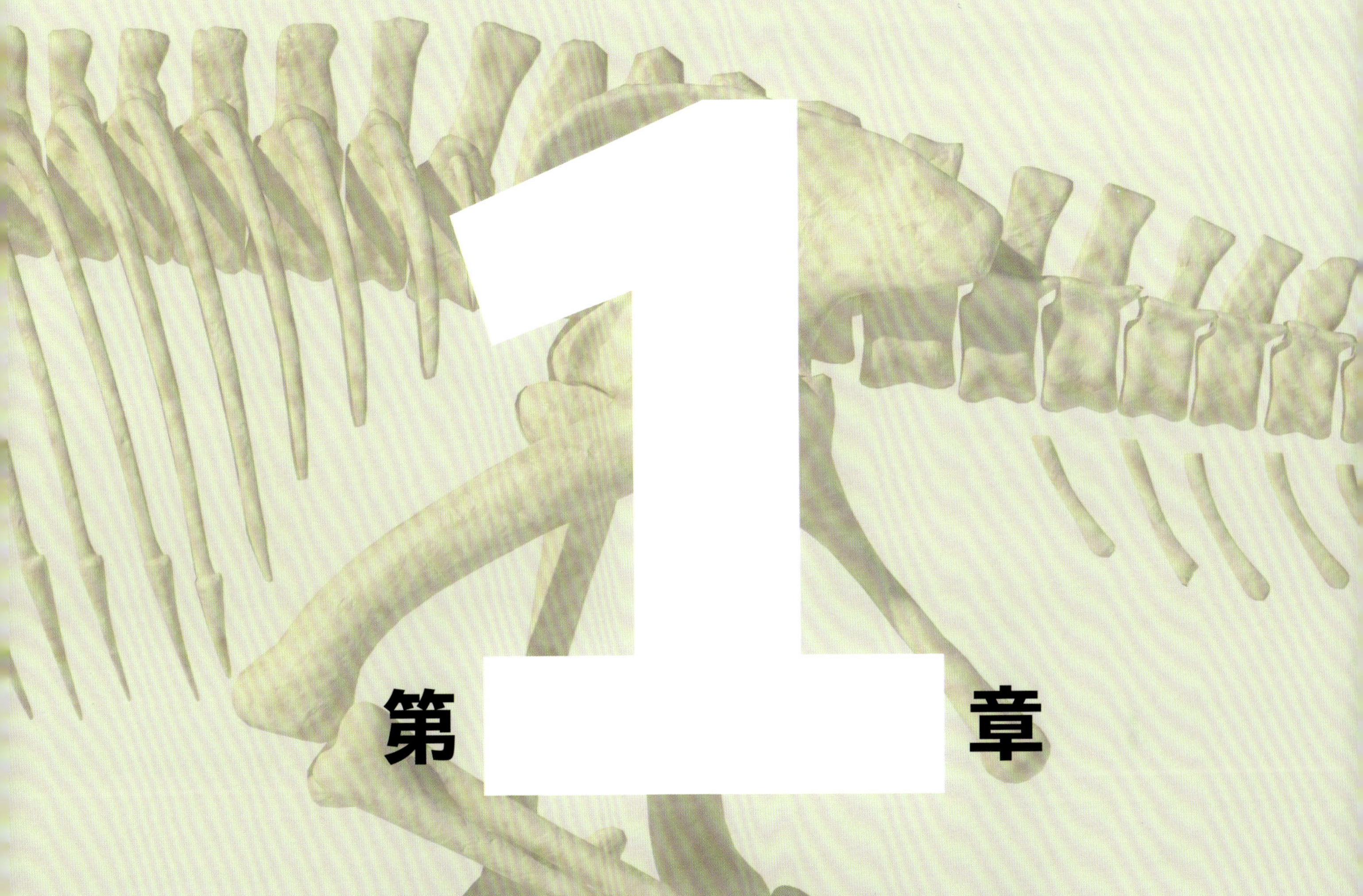

第1章

恐竜の全体像

DINOSAURS IN PERSPECTIVE

恐竜はなぜ研究されるのか

子どもたちをはじめ、多くの人々に愛される恐竜だが、科学的にも注目すべき理由が3つある。人類の歴史を語るうえで恐竜が不可欠な存在であること、そして、私たちが考える生物としての常識の枠を超えた存在であることだ。

子どもの本で最も多いのが恐竜に関する本だ。人気の秘密はその大きな体。なかには私たちの想像をはるかに超える超巨大な恐竜もいた。伝説上の生物であるドラゴンにも似ていて、とにかくワクワクさせられる。立派な角やスパイク（とげ）があるもの、ぞっとするほど大きな歯を持つものもいた。そして、恐竜はドラゴンとは違い、たしかにこの地球上に存在していた。

そんな絶大な人気だけでなく、恐竜には大いなる科学的価値がある。第1の理由は、恐竜は地球と生命の歴史を語るうえで重要な部分を占めていることだ。科学における大きな疑問の多くは、さまざまなことの起源——つまり、宇宙のはじまり、地球と生命の誕生、そして人類の出現にまつわるものだ。これらの「はじまり」を解き明かしていく作業は、地質学（地球に関する研究を行う学問）と古生物学（古代の生物に関する研究を行う学問）の中核となる。そして、地球と生命の歴史を掘り下げるためには、化石や岩石を調べ、地質時代（12ページ参照）を理解することが最善の方法なのだ。

第2に、恐竜が現代の世界への大きな布石となったことだ。現代人は、人間の活動が地球と生物にもたらす脅威について不安を抱いている。地球の人口が膨れ上がり、自動車の数が増え、生活資源の消費が増えれば、環境破壊が進む。自然は地球に存在する約1000万の生物種と、それを支

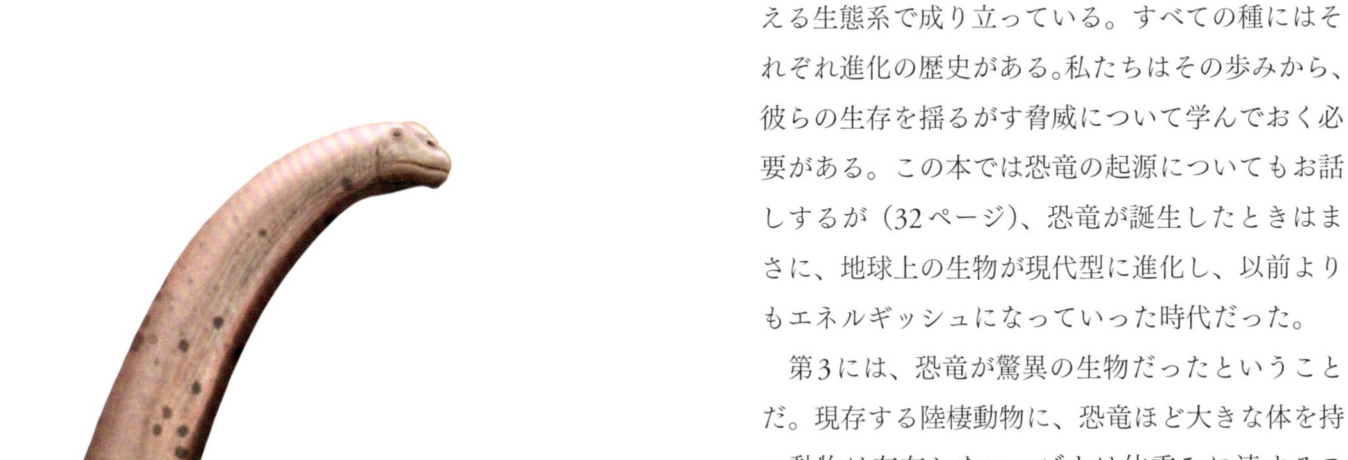

える生態系で成り立っている。すべての種にはそれぞれ進化の歴史がある。私たちはその歩みから、彼らの生存を揺るがす脅威について学んでおく必要がある。この本では恐竜の起源についてもお話しするが（32ページ）、恐竜が誕生したときはまさに、地球上の生物が現代型に進化し、以前よりもエネルギッシュになっていった時代だった。

第3には、恐竜が驚異の生物だったということだ。現存する陸棲動物に、恐竜ほど大きな体を持つ動物は存在しない。ゾウは体重5tに達することもあるが、ディプロドクスやブロントサウルスなどの首の長い恐竜は、体重が50tにもなったという。そんな巨大な恐竜の体はいったいどのように機能していたのだろう。恐竜時代には翼竜類という爬虫類グループがいて（24ページ）、その何種かは現在のどんな鳥よりも大きな体で飛翔することができた。恐竜もまた生体力学の常識の枠を超えた生物だった（88ページ）。その謎に迫るには、恐竜がなぜこれほどまでに巨大化し、どのように肉や骨を機能させていたのか、その数学と物理学を読み解かなければならない。

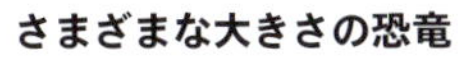

さまざまな大きさの恐竜
行進するこの恐竜たちを見れば、恐竜の姿や大きさがじつにバラエティに富んでいたことがわかるだろう。恐竜はもともと二足歩行動物として歩みを始めたが、巨大化して四肢を歩行に用いる種も現れた。ここには植物食恐竜と肉食恐竜の両方が描かれている。

地質時代

地球の歴史はとても古い。しかし、地質学者は岩石が堆積した順序（層序）と、岩石の正しい年代を識別することができる――地質学の世界では、数百万年という壮大なスケールで時間をとらえなければならない。

地質学者は、「数百万年」あるいは「数億年」という時間単位で研究を行っている。たとえば、地球の年齢は約45億6700万年で、恐竜が最も繁栄していたのは今から約2億3000万年前から6600万年前だ。では、こうした年代はどのように特定されるのだろう。

地質学者はまず、岩石が堆積した順序、つまり、岩石の新旧を調べる。これは、採石場や渓谷、海食崖の露頭で、積み重なった地層を観察して行われる。岩石はふつう、下の層にあるものほど古く、上の層にいくほど新しくなる。つまり、単純に堆積した順番に層が重なっているということだ。ここでいう岩石とは、おもに泥岩、砂岩、石灰岩などの堆積岩を指す。それらはかつて、古代の海や湖、川、砂漠に堆積した砂やシルト、泥などの堆積物だった。

地層の層序から、その正確な年代をどのように特定するのだろう。年代を知る第1の手がかりは化石にある。今から200年以上前、地質学者は石炭や鉄などといった貴重な資源を含む岩石の研究を始めた。そして、石炭や鉄などの地下資源を確実に掘り当てたい鉱業業界のために、最適な採掘場所を決める効率的な方法を編み出した。たとえば、ヨーロッパと北アメリカでは、石炭のほとんどが柱状図の一部、つまりある地点の地質断面の特定の区間にのみ分布している。それが「石炭層」と呼ばれる地層で、同定の基準となるのは石炭紀特有の植物やその他の化石だ。

1850年頃までには、地質時代のおもな時代区分に石炭紀、三畳紀、ジュラ紀、白亜紀などの名前がつけられた。それぞれの時代は岩石の重要な特徴（石炭など）や、その時代の地層が発見された地名に因んで名づけられている。たとえばジュラ紀は、フランスとスイスの国境にあるジュラ山脈で見つかったことから命名された。三畳紀からジュラ紀、白亜紀までの時代は中生代と呼ばれる。中生代とはその名のとおり、中期の生物の時代という意味だ。

積み重なる歴史の層
アメリカのアリゾナ州に広がるグランドキャニオンの岩石の連なりには、先カンブリア時代を基底とし、古生代から中生代まで10億年以上にわたる地球の歴史が記録されている。右の写真で最上部にあるのはペルム紀の地層だ。

時代区分

下の地質年代表は、恐竜の出現から現在までの時代を大きく区分し、百万年単位で表したものだ。恐竜が三畳紀、ジュラ紀、白亜紀に生存し、白亜紀の終わりに絶滅したことは広く知られている。

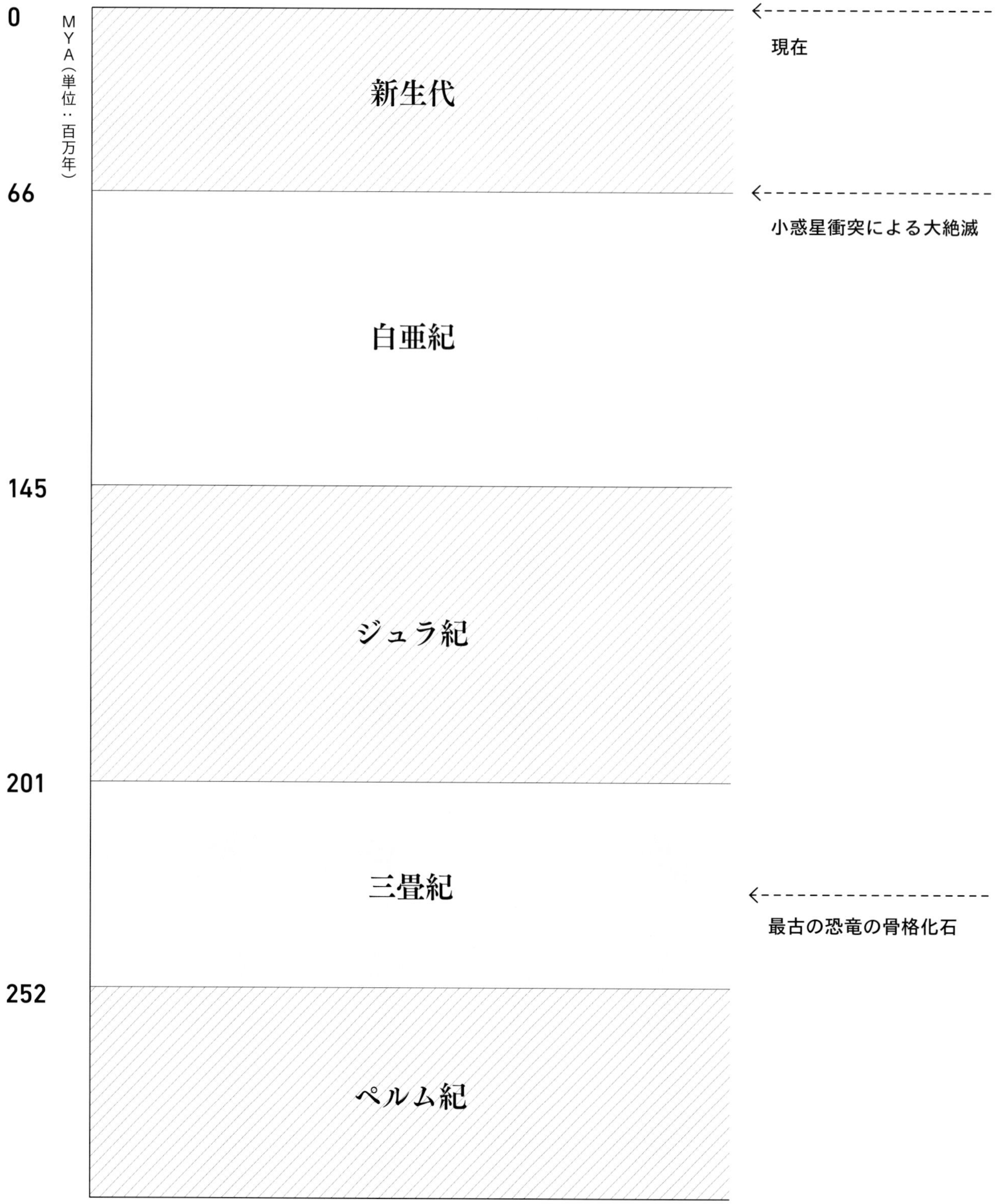

MYA（単位：百万年）

0 ← 現在

新生代

66 ← 小惑星衝突による大絶滅

白亜紀

145

ジュラ紀

201

三畳紀 ← 最古の恐竜の骨格化石

252

ペルム紀

初期の恐竜の骨格化石
ニューメキシコ州の三畳紀後期の地層で見つかったコエロフィシスの全身骨格化石。長い首が後方へ曲がって頭は後ろを向き、尾は鞭のように長い。後肢だけで走行し、強力な手で獲物を掴んだ。

地球の年齢を推定する

今では地球の年齢が数十億年であることが知られているが、昔からそれがわかっていたわけではなかった。1800年代後半、科学者たちは岩石の年代を推定するあらゆる手段を試していた。ある者は数百kmから数千kmも続く堆積岩がどれだけの年月をかけて形成されるかを推定し、またある者は海がかつて淡水だったと仮定して、陸の岩石から塩分が溶け出し、海水が現在の塩分濃度に達するまでの年月を算出して海の年齢を推定した。当時はこうした方法に基づいて、地球の年齢を数億年と推定していたのだ。

その後、イギリスの物理学者だったケルヴィン卿（ウィリアム・トムソン、1824～1907年）が、地球のはじまりはどろどろの溶岩でできた球体だったという説を唱え、巨大な球が冷えて地殻が形成されるまでの時間を計算した。ケルヴィン卿は球形の砲弾を用いた実験から、最終的に地球の年齢を約2000万～4000万年と算出した。

しかし、この数字は地質学者にとってはあまりにも小さすぎた。地質時代や化石が示す証拠がすべて収まりきらないのだ。地質学者が地球の年齢を推定するには、より信頼度の高い方法が必要だった。そして、その方法が発明されたのは、今から100年あまり前のことだった。

放射年代測定

1910年頃、地質学者たちは特定の岩石に含まれる天然の放射性同位体から岩石の年代を調べる方法を確立した。ウランなどの元素は放射能を持ち、不安定な状態から次々と別の原子に壊変し、最終的には鉛になって安定状態に落ち着く。放射性崩壊と呼ばれるこの変化は、実験でその速度が明らかにされ、数千年から数百万年にわたって起こることがわかっている。岩石に含まれるウランの半分が安定した鉛になるまでの時間を半減期と呼ぶが、これはウランの種類によって45億年、7億年、2万5000年と異なっている。地質学者たちは岩石中のウランと鉛の比率を測定し、崩壊曲線から進行度を読み取って岩石の年齢を計算する。岩石の年齢の正確性は再検査を重ねて確認される。

古地形

大陸移動と海水準変動を経て、世界の地形は古代から大きく変化している。恐竜が出現した頃は世界のほとんどの大陸が１つになっていた。

数百万年から数十億年という時間を考えれば、地球の地形が劇的に変わっていたとしても驚きはないだろう。海水準も大きく変化したが、現在は地球の温暖化による海水準の上昇が懸念されている。ニューヨークやロンドンといった主要都市が海に飲み込まれてしまうかもしれないのだ。

とはいえ、現在の海水準は比較的低い。大量の海水が北極と南極の海氷や氷床として閉じ込められているからだ。かつては氷が存在しないホットハウスアース（温室地球）と呼ばれる時代があった。ちょうど恐竜が最も繁栄していた中生代がその時代にあたる。白亜紀後期（約1億～6600万年前）の海水準は今より200mも高く、海岸の平野が海水に浸かっていたため、大陸の陸地面積は小さかった。また、アフリカ大陸と北アメリカ大陸は、それぞれ大規模な海路で2つに分断されていた。北アメリカ大陸を二分していたのはカリブ海から北極海まで続く西部内陸海路（白亜紀海路とも）で、その幅は最大970kmもあった。現在のテキサス州、ワイオミング州、アルバータ州は部分的にこの海路に沈んでいた。

地形に変化をもたらした別の古地理学的要因として、大陸移動が挙げられる。今から200年以上前、地理学者たちはアフリカ大陸の西海岸と南アメリカ大陸の東海岸の形状がほぼ一致することに気がついた。もしもこの2大陸のあいだに南大西洋がなかったとしたらどうだろう……。事実、彼らの推測は正しかった。2大陸はかつて海岸線で結合していて、三畳紀とジュラ紀には南大西洋が存在していなかったのだ。

1912年、ドイツの地理学者であるアルフレッド・ウェゲナー（1880 ～ 1930年）が、南アメリカ大陸、アフリカ大陸、南極大陸、インド、オーストラリアといった南半球の大陸が、かつて超大陸ゴンドワナを形成していたという説を唱えた。ウェゲナーは古生物学と地質学に基づく証拠から、特定の岩石がこれらの大陸にまたがって広がり、ペルム紀と三畳紀の動植物の化石が共通して見られることに着目した。実際、ペルム紀と三畳紀には北アメリカ、ヨーロッパ、アジアで形成されるローラシア大陸とゴンドワナ大陸が結合し、パンゲアと呼ばれる超大陸を形成していた。

三畳紀の終わりからジュラ紀にかけては北大西洋が開け、続いて白亜紀に南大西洋が現れた。南極大陸は南へ、オーストラリアは東へ移動し、インドは島として長らく移動を続けていたが、今から約4000万年前に現在のアジア大陸に衝突した。

*［訳注］トリケラトプスなどのケラトプス類は泳ぎが不得意と考える研究者もいる。

西部内陸海路の動物たち
約7000万年前、北アメリカを分断する西部内陸海路に生息していた巨大な捕食者モササウルスが、対岸の食物を求めて海路を渡る植物食恐竜のトリケラトプス*に襲いかかっている。

白亜紀

白亜紀（約1億4500万〜6600万年前）になると、大陸は移動して互いに離れていった。大陸ごとに分布した動植物がそれぞれに特色を持ち始めた。南大西洋が誕生し、アフリカ大陸、インド、オーストラリア、南極大陸などの南半球の大陸が、それぞれ現在の位置へ移動を始めた。

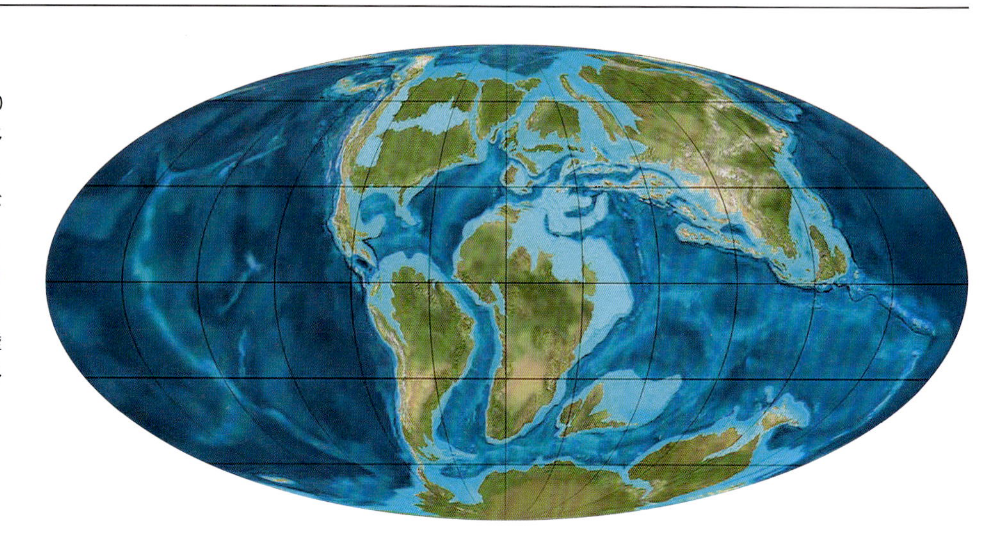

ジュラ紀

ジュラ紀（約2億100万〜1億4500万年前）には海洋がいくつか現れ、パンゲア超大陸は赤道付近に出現した広大なテチス海によって分断された。また北大西洋が開け始め、北アメリカとヨーロッパは年間約1cmの速度で離れていった。恐竜やほかの動物はアフリカと北アメリカを往来することができたが、陸路は以前より制限された。

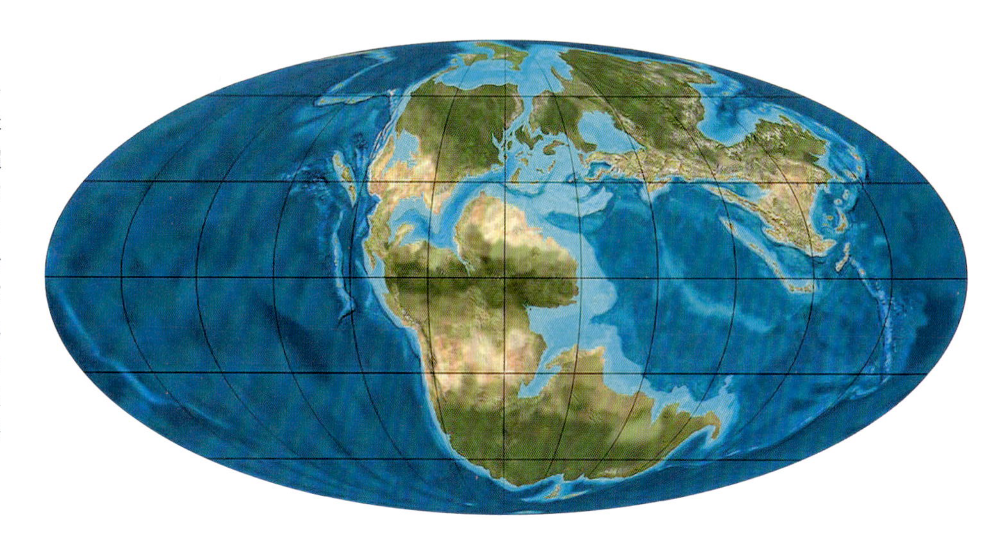

三畳紀

三畳紀（約2億5200万〜2億100万年前）には、すべての大陸がつながってパンゲアという超大陸を形成していた。また、極冠（極域に形成される氷冠）は見られず、世界的に夏は温暖だった。初期の恐竜など陸棲動物は陸地全体を移動することができ、植物も大陸全体にわたって類似種が分布していた。

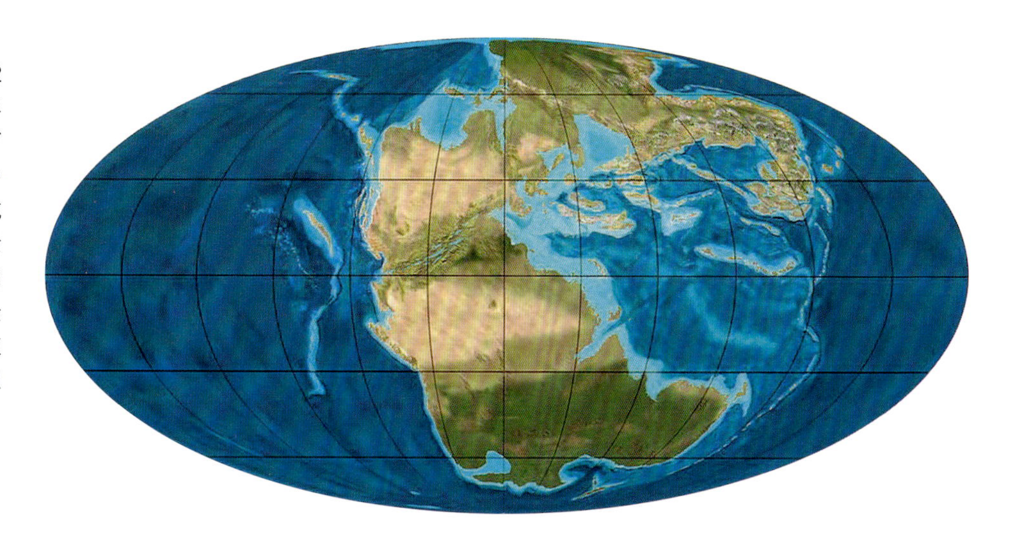

こうした学説は物議をかもしたが、1960年代にプレートテクトニクスの原動力が発見されて議論に終止符が打たれた。これが、海洋底の中央海嶺に沿って海洋地殻が生まれ、それにともない大陸が年間約1cmずつ移動しているというプレートテクトニクスの理論である。

西部内陸海路

北アメリカ大陸で特筆すべき発見の1つが、約1億年前に大きな海路によって大陸が分断されていたことだ。白亜紀後期の海水準は現在より200m高く、北アメリカ大陸の海岸線はかなり内陸にあった。カリブ海は現在よりもはるかに大きく、ワシントンD.C.とニューヨーク市は海水に浸かっていた。

さらに、南のメキシコとテキサス州から、オクラホマ州、コロラド州、カンザス州、ワイオミング州、モンタナ州を通って、北はカナダのアルバータ州とノースウエスト準州まで、幅約970km、長さ3200km以上、中央部の深さが最大760mの西部内陸海路が走っていた。この大きな海路が、白亜紀の後半から哺乳類の時代が幕を開ける暁新世まで、じつに約3400万年にわたって大陸を分断していたのだ。

こうした地形の変化は恐竜の暮らしにどのように影響していたのだろう。海路によって大陸が分断されたということは、恐竜たちはもはや東西を自由に行き来することができなくなったということだ。海水準が上昇する前は、カリフォルニア州からノースカロライナ州まで移動することもできたわけだが、海路が現れたあとは、行動範囲も西部と東部に分断されてしまった。海路が走っていた州では現在、恐竜や植物を含む陸成堆積物ではなく、魚類（ぎょるい）や海棲（かいせい）爬虫類の化石を豊富に含む海成石灰岩が見られる。西岸で暮らすティラノサウルスやトリケラトプスは、その仲間がいるはるか数百km先の東岸をただ眺めることしかできなかったのだ。

プレートテクトニクス

中央海嶺に沿って海洋地殻が生まれ、海洋底が年間約1cmずつ広がっていく。大西洋が毎年広がると、それにともない北半球では北アメリカ大陸とヨーロッパが離れ、南半球では南アメリカ大陸とアフリカ大陸が離れていく。

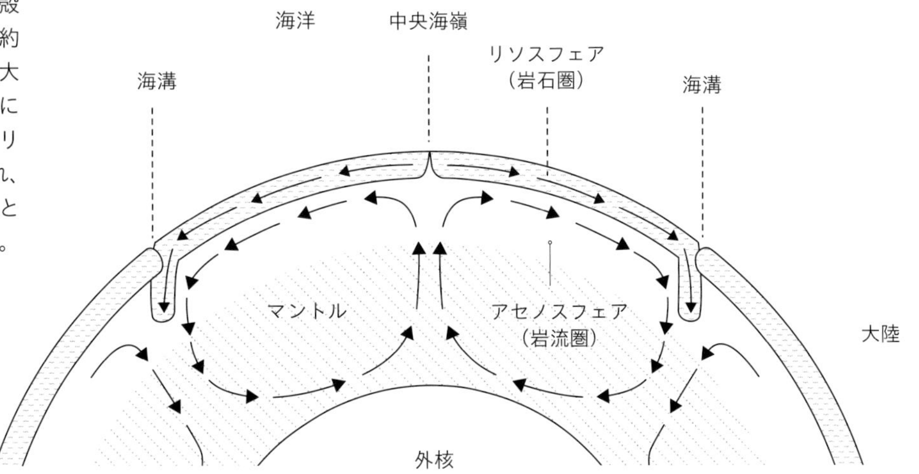

古代の海と空の爬虫類

恐竜が生きていた時代、海では魚竜類（ぎょりゅうるい）やプレシオサウルス類が獲物を追い、空では皮膜でできた翼を持つ翼竜類が飛翔していた。

恐竜は陸で暮らす動物だった。現在の陸棲動物の多くが泳ぐことができるように、恐竜もまた泳ぐことができたと考えられる。とはいえ、恐竜が水に入るのは、川や湖を渡って新たな餌場を探すためか、捕食者から逃げるためだったろう。白亜紀中頃の大型の捕食者だったスピノサウルスは泳ぎに長け*、北アフリカの川や湖で魚を捕食していたとされる。また、鳥類への進化の兆しとして、鳥に似た恐竜が飛翔していたと考えられる。しかし、中生代には恐竜以外にも水中を泳いだり空を飛んだりする爬虫類が存在した。

おもに水中を泳ぎ回っていたのは、魚竜類とプレシオサウルス類だ。三畳紀に現れた魚竜類は、すぐに海洋の新たな捕食者としての地位を確立した。鼻先がシャープで、魚雷のようなつるつるで丸みのある体形のおかげで、ひれ状の大きな尾を左右に振って効率良く泳ぐことができた。前肢も大きなひれ状だったが、これは方向転換のために使われていた。

魚竜類は三畳紀のあいだに、小さいサケぐらいの大きさのものから全長26mのシロナガスクジラ級のものまで、さまざまな大きさに進化して幅広い生活様式を発達させたようだ。小型の魚竜は小さい魚を捕まえ、大型の魚竜はより大きい魚やほかの海棲爬虫類を追いかけて捕食していたと考えられる。魚竜の吻部（ふんぶ）は先細りで、長くて尖った歯が並んでいた。魚の群れの中へ入って顎を素早く閉じ、歯で魚を突き刺して捕えていたようだ。顎をパチンと閉じれば海水が歯の隙間から放出され、不運な魚が歯の檻の中に閉じ込められる。クジラほどの大きさの魚竜の中には、海水ごと吸い込んだ獲物をこし取って食べるものもいたようだ。

プレシオサウルス類は泳ぎに特化した4つのひれを持ち、首が長く頭が小さいものと、首が短く頭が大きなものがいた。首が長いプレシオサウルス上科は、ヘビのような首を素早く動かして魚を

魚竜の出産
ジュラ紀中期のヨーロッパとロシアに生息していた魚竜類のナノプテリギウスが、今まさに出産しようとしている。母体が一度に身ごもれるのは6～10頭だった。魚竜は産まれ出た直後から泳いだり狩りをしたりすることができた。頭ではなく尾から先に産まれるのは、鼻先まで母体から出た瞬間に海面へ上昇して空気を吸い込むためだ。

*［訳注］スピノサウルスは泳ぎが不得意であったと考える研究者もいる。

とらえ、頭が大きいプリオサウルス上科は、おもに大型の爬虫類を骨ごと噛み砕いて食べていたようだ。ほかにも多くの海棲爬虫類がいたが、それらはすべて大気中での呼吸を必要とする動物で、魚などが豊富な餌場をめぐって争いを繰り広げていた。

内温性と胎生

　魚竜類とプレシオサウルス類の大きな特徴は、内温性で胎生だったことだ。かつては魚竜類、プレシオサウルス類、恐竜を含む中生代の爬虫類がすべて、現在のワニやトカゲと同じ外温性だったと考えられていた時期もあった（52ページ参照）。しかし、骨の構造を調べたところ、これら古代の海棲爬虫類は、海棲のウミガメのように、体温を一定に保持し、体内で熱を発生させることができる内温性だったことがわかった。冷たい海水の中で活発に遊泳するために、このような特性が必要だったのだ。

　また、これらの海棲爬虫類は、現在のイルカやクジラと同じように海の中で出産したとされる。しかし、胎生については長らく疑問視されてきた。現在のウミガメのように、陸に這い上がって砂浜に産卵したほうが理に適っているからだ。150年以上前、胸郭（きょうかく）内に数体の幼体が入った魚竜の良好な化石が複数見つかったときには、それが産まれる前の子どもなのか、それとも共喰いする大型種が食べた自分の子どもなのか、意見が分かれた

のだ！

そのときは共喰い説が有力だったが、のちにこの標本は胎生説が正しいことを示す証拠となった。魚竜の体内に入っていたのは魚竜の幼体の完全骨格で、どこにも損傷の跡は見られなかった。つまり、咬みつかれたり、嚙み砕かれたり、飲み込まれたりした形跡がなかったのだ。また、魚竜は一度に4頭から6頭、多いときは10頭から11頭も身ごもった。幼体が複数いる場合は、母体の脊柱に対して並行して子宮内に収まっていることが多い。

人間とその他ほとんどの哺乳類が頭から産まれるが、魚竜は尾から先に産まれた。クジラも同じく尾から産まれることを考えれば、その理由は明らかだろう。幼体が陸上で生まれる場合は頭から産まれ、母体から体が完全に出る前に最初の呼吸で体内に空気を取り込む。しかし、空気呼吸の哺乳類や爬虫類が水中で頭から産まれると、水面にたどり着く前に窒息してしまう恐れがある。そのため、幼体は尾をくねくねと動かしながら母体から出て、頭まで完全に出た瞬間に、呼吸をするために水面めがけて上昇するのだ。

幼体が体内に残る母体の化石は意外と多く集められている。出産中の母親のそばに幼体が横たわる化石も見つかっているが、これは出産を間近に控えた母親が危険に巻き込まれて命を落としたあと、海底で母体の腐敗が進んでガスが放出され、体内から幼体が1頭飛び出したものと考えられる。

コエロフィシス
恐竜は内温動物で、その多くが少なくとも保温のための短くて硬い羽毛を持っていたと考えられる。この恐竜は一歩一歩、尾を左右に揺らしながら進んでいる。

中生代の飛翔動物

三畳紀後期からジュラ紀、白亜紀にかけては翼竜類も生息していた。ツグミやハトほどの小さい種から歩みを始めた翼竜類だったが、最終的にはテキサス州の白亜紀後期の地層で見つかったケツァルコアトルスのような非常に大きい種も現れた。飛行機ほどもあるその巨大な翼竜類は、直立したときの背丈がキリンと同じくらいあり、翼開長は最大11mにもなった。

翼竜類は海の浅瀬に急降下して魚を捕食したが、なかには昆虫を食べるものもいた。翼竜類の食性についてはすべてが明らかになっているわけではない。翼竜類の多くが進化の過程で歯を失ったため、完全に解明するのは困難だ。かつては歯の喪失こそが非捕食者だった最たる証拠だと言われていたが、現在のワシやハゲワシなど、歯のない鳥類も肉食として知られている。

翼竜類が羽毛を持っていたことを示す新しい証拠も見つかった。以前から、翼竜類の体がピクノファイバーと呼ばれる綿毛のような短い繊維で覆われていたことはわかっていた。1800年代にヨーロッパで発見された多くの化石にピクノファイバーが見つかっている。翼竜類が鳥類のように飛翔する活動的な動物で、さらに内温性だったということだ。飛翔にはかなりのエネルギーが必要なので、翼竜類は大量の食糧を摂取して体内で栄養を燃焼させなければならなかった。毛で断熱するという進化は、現在の鳥や哺乳類にも見られるす

飛行機サイズの翼竜類
白亜紀後期には超巨大種を含む大型の翼竜類が現れた。翼開長が約3.5mにもなる翼を広げているのはウェルンホプテルスだ。地上に佇んでいるのはさらに大きいケツァルコアトルスで、翼開長が最大11m、直立したときの背丈はキリンと同じくらいだった。この大きな体で飛翔していたというのだから驚きだ。

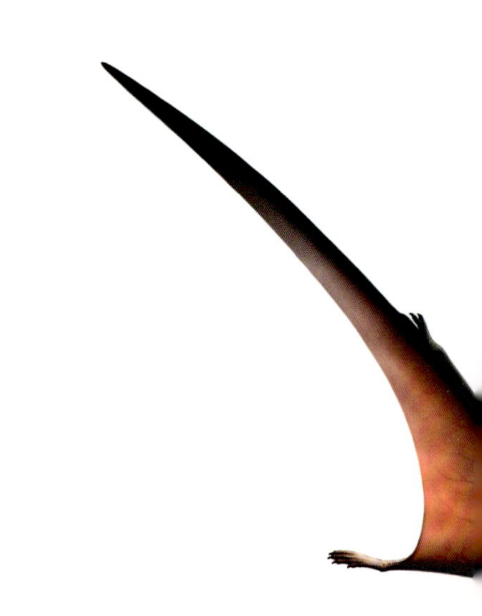

ばらしい進化だ。

しかし、その繊維が羽毛だったとはどういうことだろう。2019年と2022年に、2つの研究成果が発表された。一方は中国で見つかったジュラ紀の翼竜類、もう一方はブラジルの白亜紀前期の地層から見つかった巨大なトゥパンダクティルスについての研究で、いずれもピクノファイバーが単なる毛状繊維ではないことを示していた。一部のピクノファイバーに、鳥の羽毛に見られるような複雑な羽枝が認められたのだ。

のちの章でお話しするが（58ページ）、多くの恐竜が羽毛を持っていたことが明らかになっている。そして、この新たな発見により、おそらく最初の真鳥類が出現するよりも1億年以上前に、鳥類と翼竜類の祖先がすでに羽毛を発達させていたと考えられるようになったのだ。

次ページ
白亜紀後期、ブラジル沿岸の温暖な海に流されたエドモントサウルスの死骸に、上空から鳥と翼竜類が、水中からはプレシオサウルス類、ヘスペロルニス類の水鳥、魚たちが群がっている。1頭の恐竜の死骸は、腐食動物に数tの肉を供給してくれた。

過去を掘り下げる

化石には過去を知るためのヒントが詰まっている。しかし、それを読み解くためには、化石が埋まった過程と発見された状況について理解しなければならない。臓器や皮膚など、軟組織を保存する化石が見つかることもある。

英語で化石を表す「fossil」には「掘る」という意味があり、かつては地中から掘り出された岩石やクワイ、イモなどを指す言葉だった。今では古代の微生物、植物、動物の遺骸や痕跡を指す。化石の多くは動物の殻や骨格など、いわゆる硬組織を保存している。恐竜では骨格が見つかることが多いが、骨はたいていばらばらになっている。

博物館で展示されている恐竜の骨格は、そもそもどうやって化石になったのだろう。たとえば、あるティラノサウルスの場合。現在の北アメリカ大陸に生息していたティラノサウルスが、30歳くらいで老衰のため死んでしまった。川辺で息絶えたティラノサウルスの亡骸に、哺乳類やワニ類、甲虫類（こうちゅうるい）など、ありとあらゆる腐食動物が集まって死肉をはいで食べ始める。やがて嵐が起こり、川の水位が上昇。川辺に打ち捨てられたティラノサウルスの骨格は、わずかに残った皮膚と肉をなびかせながら川の中を転がっていく。

数時間後、嵐がやんで川の水位が下がると、骨はたどり着いた川床の砂地に沈む。頭部は1kmほど先の下流まで転がり、片方の後肢も取れ、部分的に残った骨格が辛うじてつながっている状態だ。川床にさらに土砂が運ばれて骨を厚く覆っていく。2、3年後、流路を変えた川の跡地に土壌が生成され、その上にさらに土砂が蓄積する。積み上がった堆積物の重みで水分が絞り出され、土砂は岩石になり、骨は内部の小さな空隙に鉱物が沈着して化石化が起こる。

約6600万年後、モンタナ州のバッドランドで古い河川系の砂岩が侵食され、小さな渓谷が形成された。こうして現れた白亜紀末期の岩石からなる大規模な地層は、ヘルクリーク層と名づけられた。この地層には、ティラノサウルスの骨格のほか、魚類、昆虫類、植物の葉、さらにはヌマガメや初期の哺乳類などの化石も含まれている。バッドランドで農耕車を走らせていた農夫が偶然、渓谷の側面に褐色に輝く岩石を見つけた。農夫が歩いて近寄ってみると、それは動物の骨だった。彼が所有する農場では地元の大学の調査隊が発掘調査を行っていたため、それが恐竜の骨だとピンときた。そこで農夫は大学の教授に連絡し、学生たちの調査隊が夏に発掘に訪れることになる、というわけだ。

ときには骨以外のものが見つかることもある。岩石に恐竜の皮膚の印象が残っていることもあるし、浅い湖の中ではその他の小さな化石が保存されているかもしれない。湖では泥が静かに堆積していくため、臓器や羽毛などの痕跡が見つかる可能性がある。それらは恐竜の生態について多くを語ってくれる貴重なお宝だ。

組み立てる
博物館に展示されたこの標本は、獲物を求めて移動するティラノサウルスを再現したものだ。発見されたときは、古代の川に流されて骨がばらばらになり、骨格は不完全な状態だっただろう。

検証 発掘現場を管理する

古生物学者が行う発掘は、畑のジャガイモを掘り起こすのとはわけが違う。焦って骨を持ち上げようとすると簡単に壊れてしまい、そこにあったはずの貴重な情報をみすみす逃してしまうことになる。古生物学者は考古学者と同じような作業をする。現場をマッピングし、あらゆるものを記録し、またほかの科学者と協力して調査を進めたりもする。地質学者が現場に来て当時の環境指標となる岩石を詳細に記録することもあるし、古植物学者が植物の葉、根、種子などの植物化石を探しに訪れることもある。

調査隊が骨をいくつか見つけたとしても、その見た目だけでは岩石の中にどれだけ埋没しているかわからない。そこで、まずは埋没した骨の上にある岩石など、表土を取り除く作業から始める。平坦な場所で作業するのがベストで、骨に近づくほど慎重に掘り進め、小型のドリルやつるはしなどの手工具を用いて少しずつ岩を削りとっていく。

長さ数mもある大きな骨は1つずつ取り出せるよう、上部と側面付近の岩石を取り除いていく。骨が露出すれば、動かさずに現場全体の写真を撮る。規模の大きい現場ではドローンを使って撮影することもある。現場を撮影した画像は、研究室に持ち帰ったばらばらの骨がどのようにつながるか検討するときに大いに役立ってくれる。

その後は大きい骨の周りをさらに掘り進め、土台となる岩石を残した形状に切り出す。骨を布や紙で保護してから、水で溶いた石膏に麻布

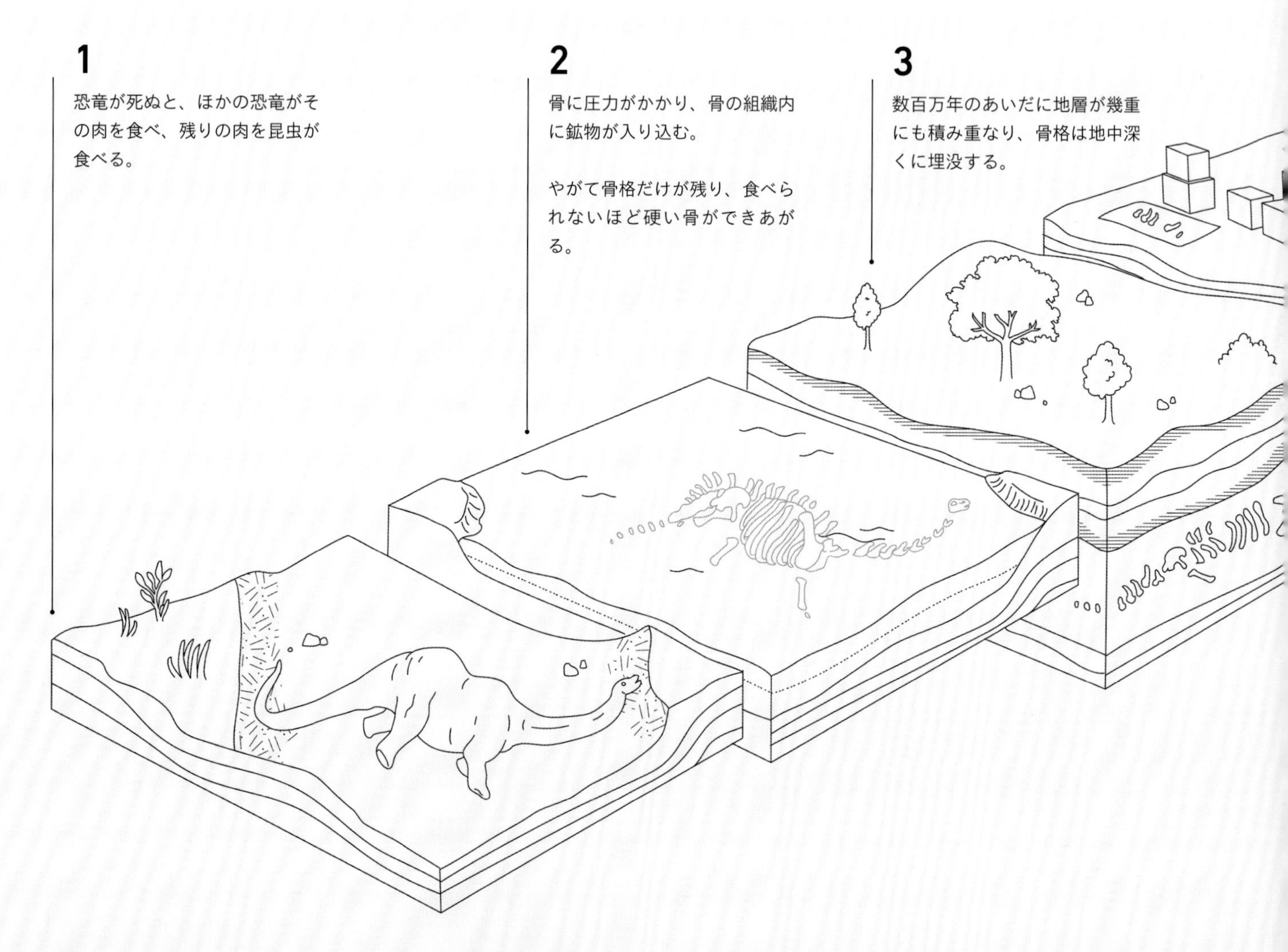

（袋用の布）を浸し、それを骨の周りにぐるぐると巻きつけて石膏を固める。岩石の土台を残し、骨が石膏と麻布のギプス（これをプラスタージャケットという）に包まれた状態になる。

保護した骨を慎重に土台から切り離してひっくり返し、底部をさらに麻布で包んで石膏で固める。これでようやく骨を運べる状態になる。ジャケットで保護した骨の重量が1t以上もあるときは、吊り上げる装置などが必要になる。

大型恐竜の場合は、重さ数tのブロックに分割するので、博物館や大学の研究室へ運ぶためのトラックを何台も手配しなければならない。研究室に戻れば、現場で撮影した空中写真やマッピングを用いて、骨がどのようにつながって骨格を形成していたのか分析を進める。

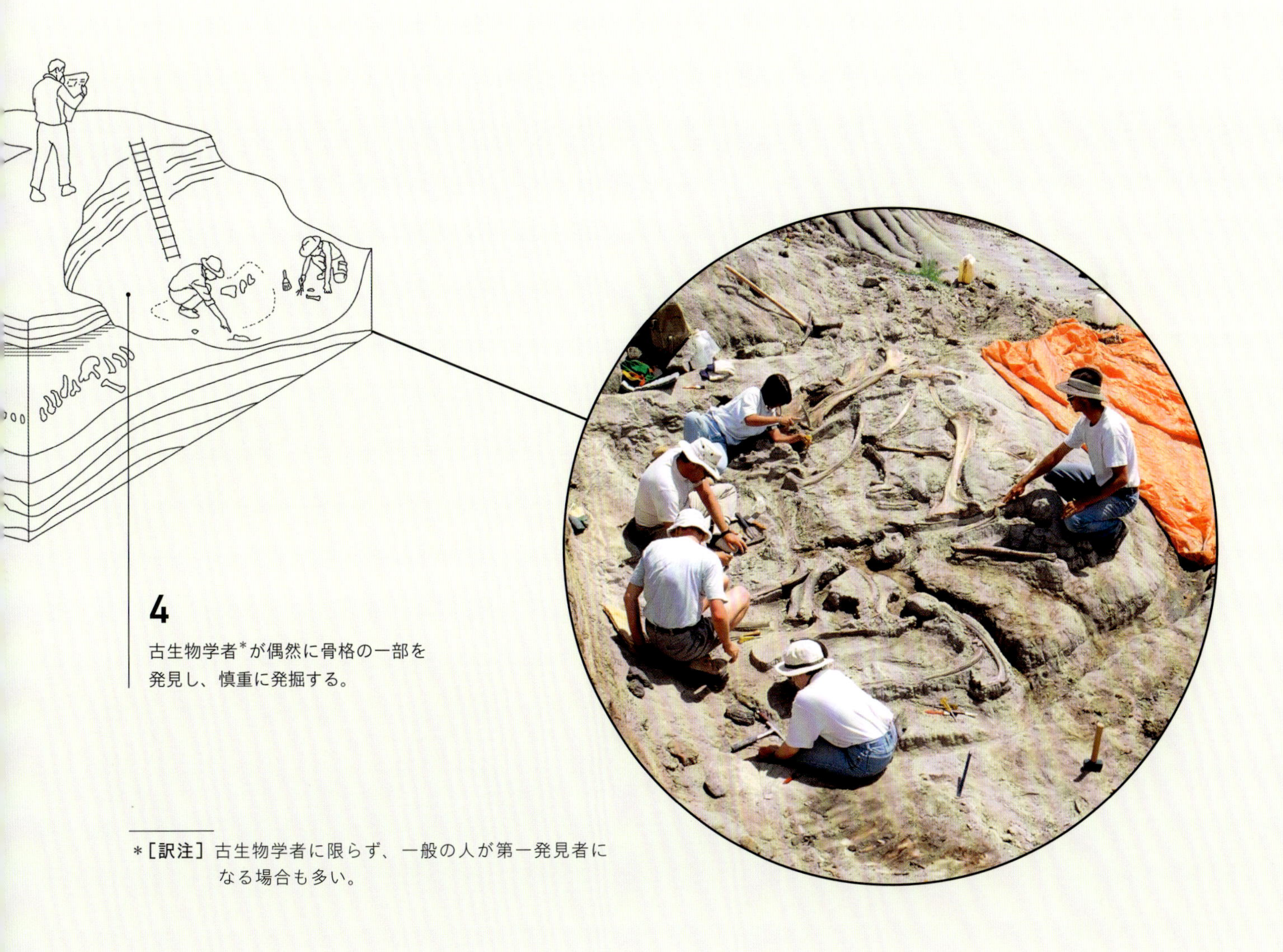

4

古生物学者*が偶然に骨格の一部を発見し、慎重に発掘する。

*［訳注］古生物学者に限らず、一般の人が第一発見者になる場合も多い。

恐竜の起源

恐竜は大量絶滅が起こったあとの三畳紀前期に誕生したと考えられている。恐竜は初めから内温性だった。

恐竜が誕生するまでに、地球はすでに長い歴史を歩んでいた。事実、地球史の大部分が恐竜時代以前に当たる。最古の恐竜化石が見つかったのは、アルゼンチン北西部にあるイスチグアラスト層だった。月の谷として知られるその場所では、これまでに古代の爬虫類の骨格が数百体も見つかり、その中にエオラプトルとヘレラサウルスなどの恐竜化石も含まれていた。月の谷で見つかった恐竜は、凝灰岩層の放射年代測定（15ページ）により、約2億2700万年前に生存していたとわかった。

エオラプトルは全長1mほどの二足歩行の恐竜で、長い首と小さい頭部を持っていた。形状が異なる小さな歯を備えていたことから、植物と肉を食べる雑食性で、強力な手で植物の葉や小型動物を掴んで食べていたと推察される。ヘレラサウルスは全長3mほどで、エオラプトルよりも凶暴だった。おそらく完全な捕食者で、小型動物の肉を鋭い歯で切り刻んで食べていたと考えられる。この2種の恐竜は、小さいトカゲの祖先や初期の

三畳紀後期のアルゼンチン
この時代に私たちが知っている最古の恐竜がいくつか現れた。大型のヘレラサウルスがエオラプトルの小さな群れを追いかけている。これら最古の恐竜も単純な羽毛を持っていたと考えられるが、化石からはまだ確かな証拠が見つかっていない。

哺乳類、そしておそらく初期の翼竜類や、現在のワニ類に近縁な大型の捕食者と共存していたようだ。

これらは現在知られている最古の恐竜の骨格化石だが、はたしてそれを恐竜の起源と考えてよいのだろうか。答えは、ノーだ。なぜなら、三畳紀前期と中期の境界に当たる約2億4700万年前の地層から、恐竜のものと思われる足跡化石が見つかっているからだ。また、その時代の岩石からは恐竜にとても近縁な動物の骨格も見つかり、地球に恐竜が確実に存在していたとわかっている最も古い時代とのあいだには、じつに2000万年ものタイムラグがある。しかし、約2億4700万年前の恐竜の骨格化石は、今のところまだ見つかっていないのだ！

恐竜は、大量絶滅後に起こった大規模な生態系の再構築を契機として誕生したことがわかっている。今から約2億5200万年前のペルム紀の終わりに、史上最大級の火山噴火が頻発した。その大災害を生き延びたのは地球上に存在していた種のたった5%で、三畳紀の初めにそれらの種が基礎となってまったく新しい世界を形成した。海では新しい貝や甲殻類、魚類が現れ、それを魚竜類（21ページ）などの新しい海棲爬虫類が捕食した。

陸では大量絶滅の生存者たちに大きな変化が起こっていた。ペルム紀後期の生態系は、さまざまな大きさの爬虫類に支配されていた。そのほとんどが現在の爬虫類と同じ外温性で、胴体から横に

張り出した肢で歩く這い歩き型だった。しかし、三畳紀に生き残った爬虫類たちの多くは、胴体から真下に肢が伸びた直立型の歩様に移行した（76ページ）。この歩様を獲得した三畳紀の新しい動物は、より速く走れるようになり、持久力を高める内温性も持つようになった。最古の恐竜たちはすでに硬くて細かな羽毛を皮膚にまとっていたようだ。

大量絶滅と恐竜の起源

恐竜の多くが白亜紀末の大量絶滅によって滅びたことは知られているが（198ページ）、その起源もまた大量絶滅にあるというのは新しい見方だ。実際のところ、3度にわたる大量絶滅が恐竜の誕生に関係しているようだ。

1つ目の大量絶滅は約2億5200万年前のペルム紀末に起こった。現在のロシアで発生した大規模な火山噴火が急激な気候変動を引き起こしたのだ。大気と海水の温度が上昇し、空から酸性雨が降り注ぐと、陸では森林が消滅し、海ではサンゴ礁が死滅した。熱帯地方に生息していた生物たちはこぞって、より寒冷な気候の北方または南方へ逃れた。災害から生命が復活していくそんな混乱の最中、最初の小さな恐竜がひっそりと誕生した。しかし、その個体数はごく少なかった。

その後、約2億3200万年前に再び大量絶滅が起こった。このときはカナダ西部で発生した大規模な火山噴火が原因だった。劇的な気候変動が起こり、生物はそのあおりを受けた。乾燥した気候が続き、生育する植物も大きく様変わりした。そのせいで多くの植物食動物が死に絶えたが、恐竜は数を増やした。恐竜は乾燥した新たな環境でも生きることができたのだ。

3度目の大量絶滅は約2億100万年前の三畳紀末に起こり、恐竜が支配する時代への最後の弾みとなった。この大量絶滅により、ワニによく似た肉食性の大型爬虫類が絶滅したのだ。このときの原因は、北大西洋が誕生した頃に中央大西洋で発生した火山噴火だった。この災害を契機に肉食恐竜の獣脚類が巨大化し、大型の植物食恐竜の竜脚類を捕食するようになった。

地球を支配した恐竜の多くが最終的に大量絶滅で姿を消したのは有名な話だが、三畳紀とジュラ紀前期における繁栄への道もまた、3度の大量絶滅によって導かれたものだったのだ。

羽毛の誕生

鳥類が約1億5000万年前のジュラ紀後期に誕生したことから、それが羽毛の起源であると長らく考えられてきた。しかし、中国で見つかった保存状態の良好な化石から、多くの恐竜とその近縁な仲間である翼竜にも羽毛があったことが明らかになった。羽毛の起源は、古生物学者がこれまで考えていた時期よりも1億年早い約2億5000万年前、つまりペルム紀末の大量絶滅から生命が復活を遂げようとしていた時代にあったのだ。

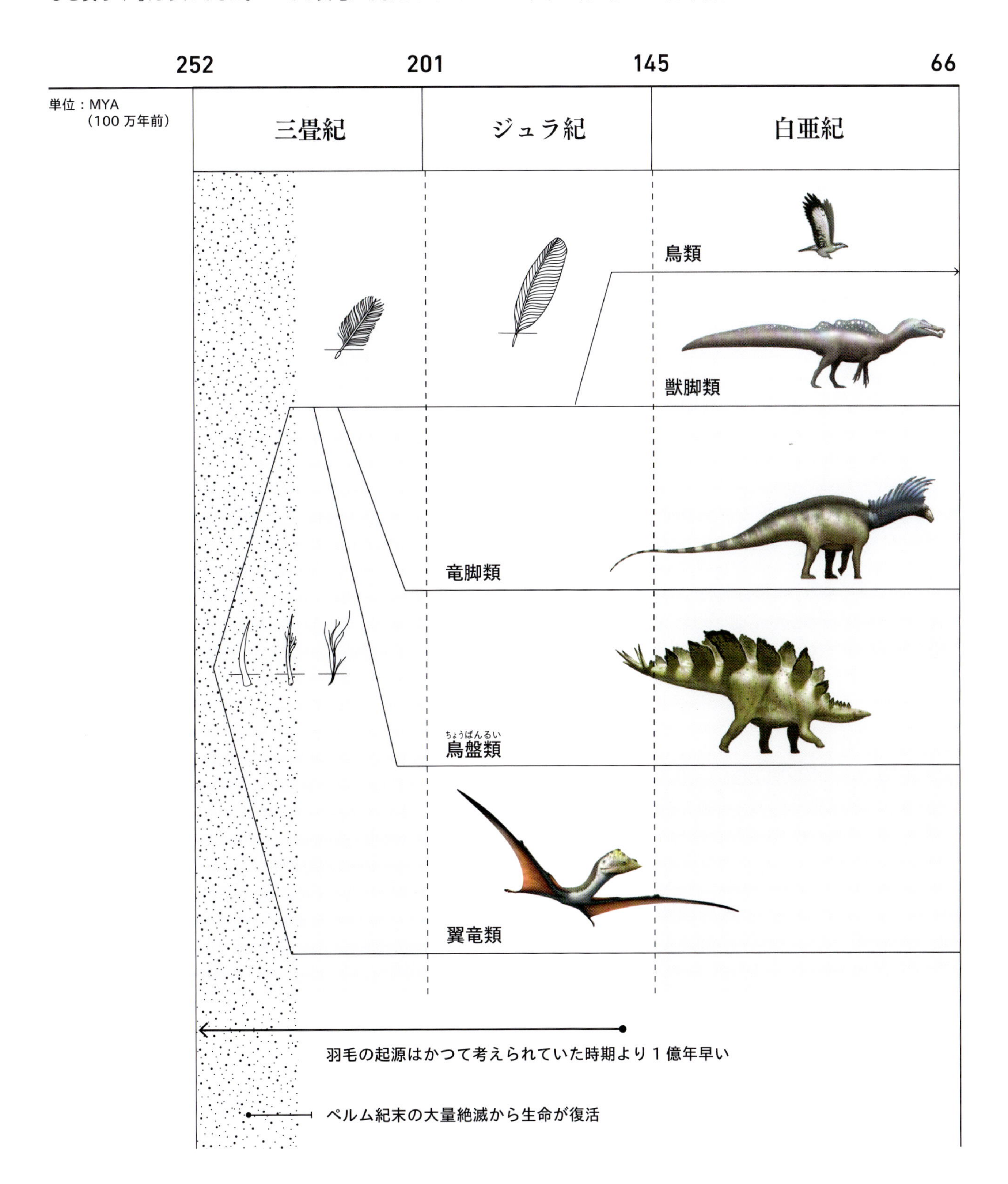

恐竜の２大グループ

恐竜は大きく２つのグループに分けられる。それらは三畳紀に誕生し、多くがジュラ紀に大型化するとともに多様化した。

エオラプトルやヘレラサウルスなど、最古とされる恐竜たちはみな同じような外見で、後肢に恐竜類としての特徴が見られる。恐竜の姿勢は現在の鳥類や哺乳類と同じ直立型で、それに合わせて後肢のつくりが発達した。足首と膝は這い歩き型の祖先より単純な蝶番関節を備え、前後に動くが左右には動かなかった。股関節は大腿骨が寛骨臼の凹みに関節するのではなく、大腿骨の基部突起が穴の開いた寛骨臼にはまり込むように関節する構造となった。

恐竜とその近縁種に見られる3つ目の特徴は、後肢を構成する骨である中足骨がひとかたまりにまとまって、常に着地しない状態になっていたことだ。恐竜は趾(足の指)だけで立つ趾行性だったのだ。恐竜のほか、鳥類やネコ、イヌ、ウマなどの哺乳類の多くが趾行性で、人間とクマ、ほとんどの爬虫類は、中足骨を含む足の裏全体で着地する蹠行動物である。

こうした特徴のおかげで、内温性だった初期の恐竜は大股で走って獲物を追いかけ、捕まえるこ

ハドロサウルス科の歩行
シャントゥンゴサウルスは四足歩行だが、前肢を上げて後肢のみで走ることもできた。前足と後ろ足の指で立つ趾行性だ。

とができた。恐竜は骨盤の構造の違いによって、竜盤類と鳥盤類に分けられる。恥骨が前を向いているのが竜盤類で、前に加えて後ろにも伸びているのが鳥盤類だ。三畳紀後期には、竜盤類から獣脚類（多くが肉食恐竜）と竜脚形類（大型から超大型の長い首を持つ植物食恐竜）が現れた。そして、ジュラ紀には獣脚類が鳥類など多くのグループに分岐した。

鳥盤類はジュラ紀と白亜紀にさまざまな恐竜のグループに枝分かれした。体が装甲に覆われたアンキロサウルス類、背にプレート（骨の板）を持つステゴサウルス類、装甲を持たない鳥脚類、分厚い頭骨を持つパキケファロサウルス類など、よく知られる恐竜のグループだ。

直立姿勢の歩行

昔も今も、爬虫類の特徴と言えば這い歩き型の姿勢だ（下の図、左）。四肢が胴体から横へ張り出していて、足を前後左右に動かして歩く。恐竜は哺乳類と同じく、四肢が胴体から真下に伸びた直立型の姿勢だ。前肢は肩に（下の図、右）、後肢は骨盤に（下の図、中）、骨の基部がそれぞれ異なる形で関節しているが、いずれも垂直に伸びている。歩行時の足の動きは単純な前後運動（進行方向に平行）のみで、左右に弧を描くような動きはない。

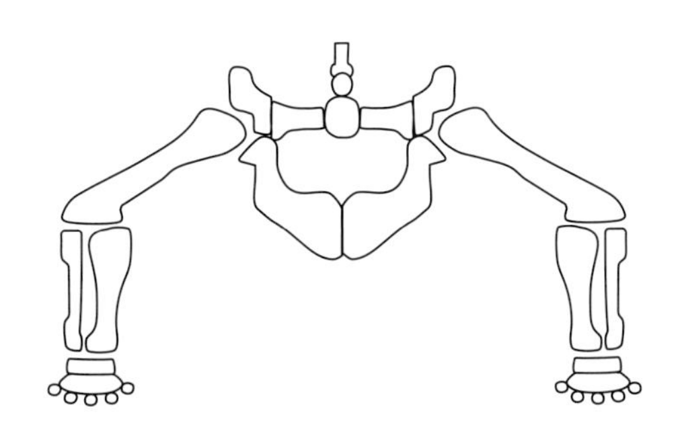

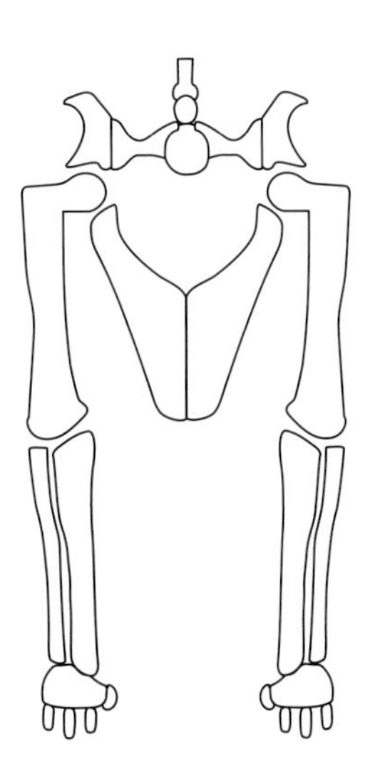

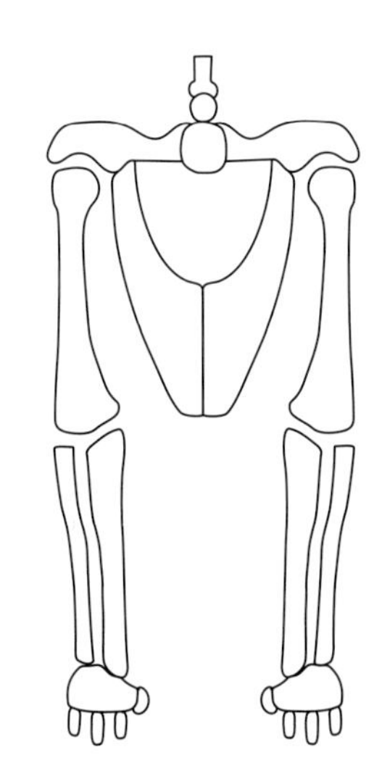

恐竜の進化

次の図は、恐竜が三畳紀に誕生して白亜紀末に絶滅するまでの進化をまとめたものだ。紡錘形の幅はその時代における各グループの多様性を表している。鳥類（図中左）は白亜紀末にほぼ絶滅に近い状態となったのち、再び息を吹き返している。

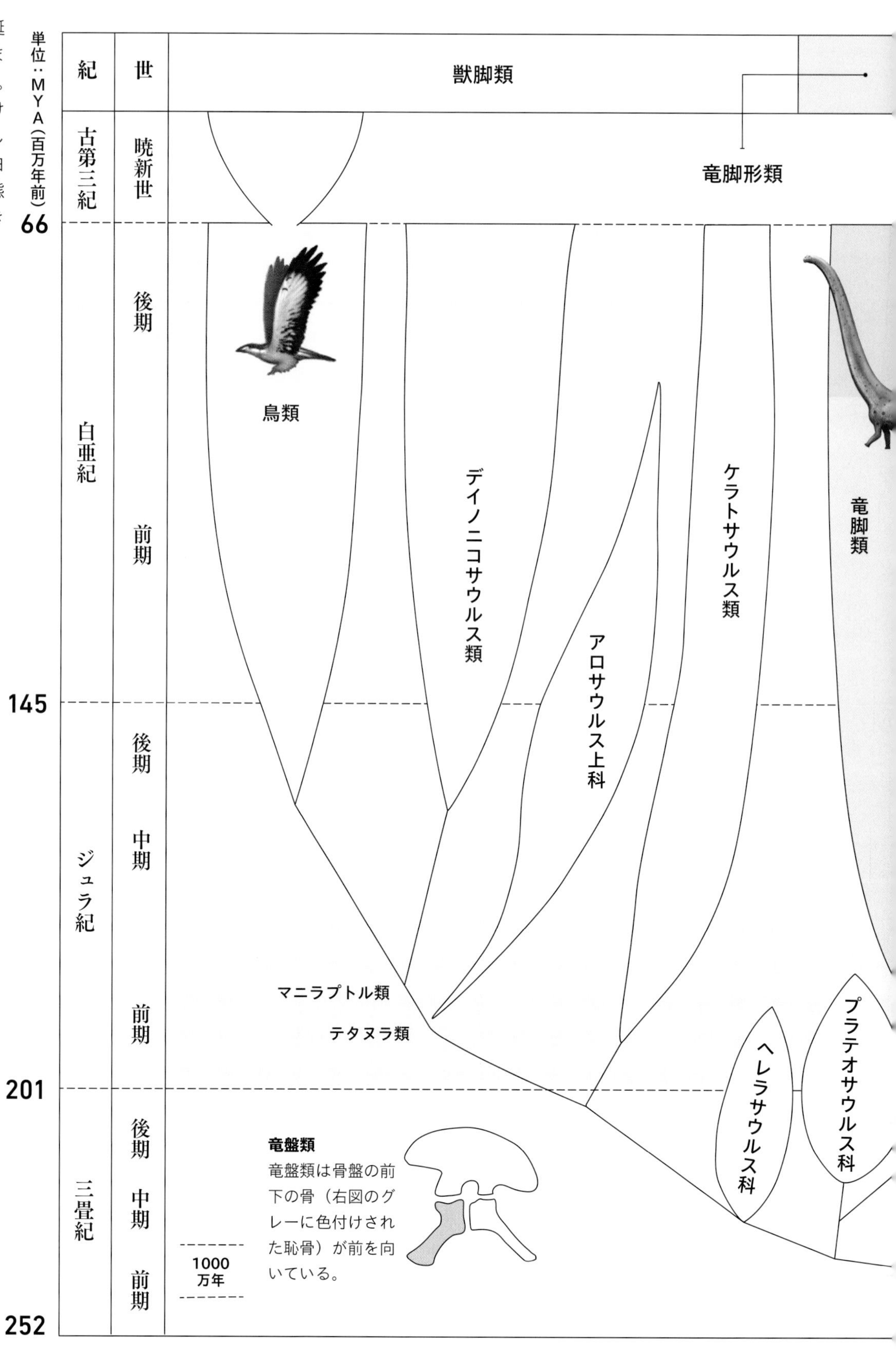

竜盤類
竜盤類は骨盤の前下の骨（右図のグレーに色付けされた恥骨）が前を向いている。

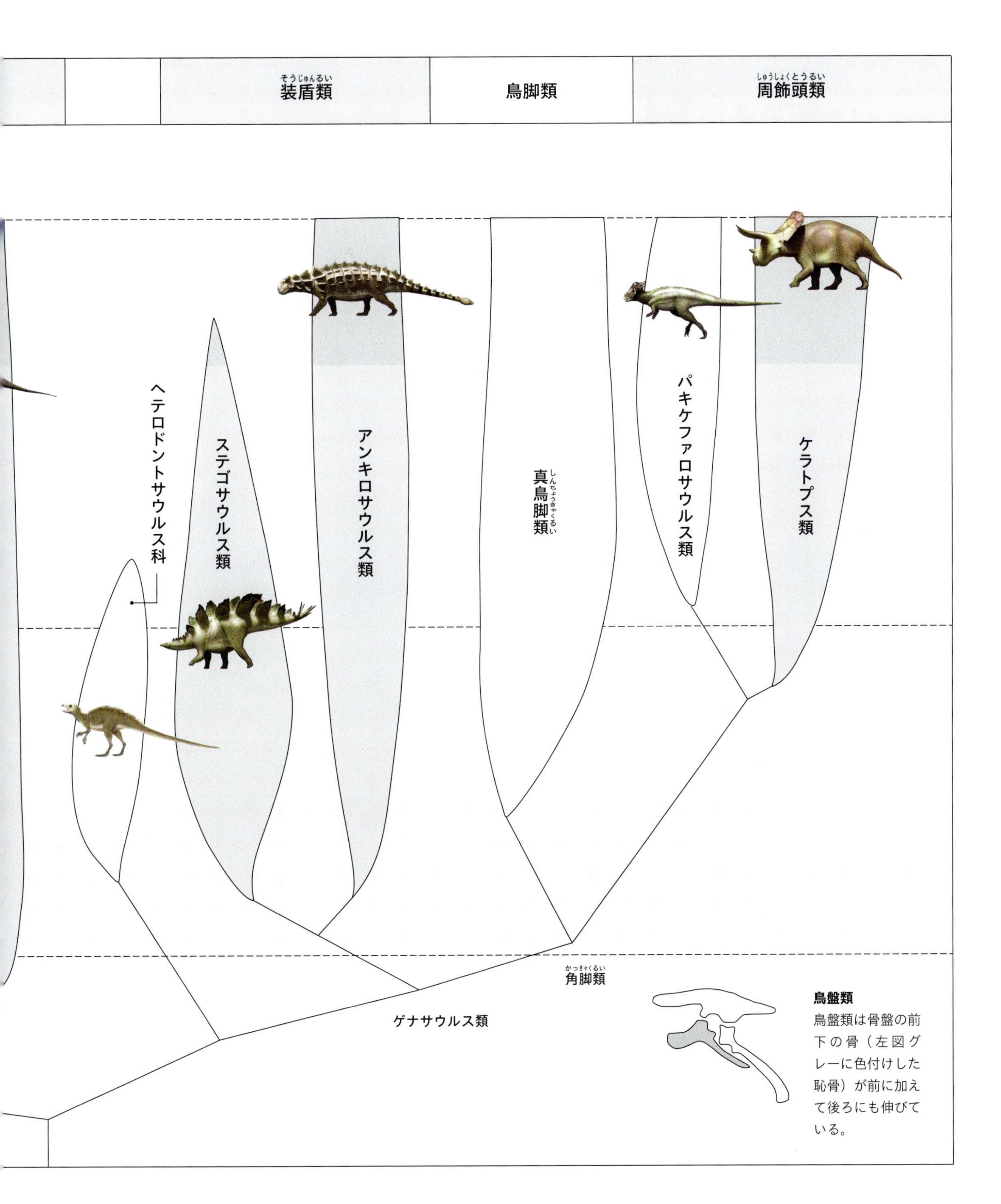

鳥盤類
鳥盤類は骨盤の前下の骨（左図グレーに色付けした恥骨）が前に加えて後ろにも伸びている。

獣脚類としての鳥類

現在の鳥類も恐竜の仲間だ。つまり、私たちは現在も日常的に恐竜を目にしているということだ。鳥類はジュラ紀に恐竜から特殊な進化を経て誕生した。その進化とは体の小型化だった。

1861年、ドイツ南部で最古の鳥とされるアーケオプテリクス（始祖鳥）の骨格が初めて見つかったとき、科学者たちはこれが鳥類の起源を解明する手がかりになると考えた。その骨格化石の大きさはハトに近く、岩石には羽毛まではっきりと残されていた。しかし、骨格のつくりは小型の獣脚類そのものだった。

アーケオプテリクスは長きにわたり、ジュラ紀と白亜紀で唯一の鳥類化石だった。アーケオプテリクスは、羽毛、翼、癒合した鎖骨（叉骨（さこつ）または暢思骨（ちょうしこつ）と呼ばれる）、空洞の骨（軽量化を目的としている）、手を後ろへ折りたためる手根骨（しゅこんこつ）、物体を立体的にとらえる大きな目と脳など、鳥類としての特性を多く備えていた。これはつまり、鳥類が驚異的な速さで進化を遂げたということなのだろうか。その前後の鳥類化石が見つかっていなかったことから、アーケオプテリクスは進化速度についての議論を巻き起こし、さらには、鳥類という驚異的な動物の誕生が進化という一言で説明できるのかと物議をかもした。

現在は約1万種の鳥類が存在し、その多くが飛翔する。こうしたすばらしい適応はどのようにして起こったのだろう。20世紀末に中国で保存状態のよい化石が数千点も見つかったおかげで、今では当時よりも多くのことがわかっている。中国の化石には、ジュラ紀と白亜紀に生息した鳥類に近い恐竜と、多くの初期の鳥類が含まれていた。それらの化石から、3つの驚きの事実が明らかになった。1つ目は、羽毛のはじまりは鳥類ではなく、もっと早い時代だったこと。おそらく恐竜が誕生した三畳紀前期に起源があると考えられた。2つ目は、恐竜の中には飛翔できる種も存在していたこと。そして3つ目は、獣脚類のある系統がジュラ紀にどんどん小型化し、鳥類となり飛翔できるようになったことだ。

ミクロラプトルを例にとって見てみよう。この

*［訳注］15体のうちのいくつかはアーケオプテリクスとは別属であると考える研究者もいる。

世界最古の鳥
ドイツのジュラ紀後期の地層から見つかったこのアーケオプテリクスは、これまで発見された15体*の標本のうちの1体だ。現在はドイツのベルリン自然史博物館（フンボルト博物館）に所蔵されている。骨格は恐竜に似ているが、胴体と四肢が現生鳥類のような羽毛で覆われている。

小型恐竜はアメリカのデイノニクスの近縁種で、四肢に鳥のような風切羽を持っていた。最近の研究で、ミクロラプトルがその4つの翼を使って飛翔できたことが明らかになった。しかし、羽毛があったとどうしてわかったのか？　見つかった化石に羽毛がはっきりと残っていて、その情報から空気力学の専門家が有効な翼面積を割り出したのだ。その結果、翼の羽ばたき運動*を動力として空中を飛翔できたことがわかった。また、ミクロラプトルが光に当たると虹色に輝く黒い羽毛を持っていたことも明らかになっている。

つまり、鳥類は恐竜であるだけでなく、初期の恐竜がすでに羽毛を持っていたことを考えると、アーケオプテリクスが誕生する5000万年以上前に、鳥ではない恐竜がすでに飛翔能力を発達させていた可能性があるということだ。ミクロラプトルのような鳥類の親戚筋などの恐竜も飛ぶことができたが、その飛翔様式がアーケオプテリクスや一般的な鳥類とは違っていたことも指摘されている。

小型化

動物が時を経て小型化するのはめずらしい。多くの動物が大きく進化し、その進化の過程には「コープの法則」という名前もつけられている。これは1800年代を代表する古生物学者の1人、エドワード・コープ（1840 ～ 1897年）が提唱し、彼に因んで名づけられた進化説だ。コープは、小型だった恐竜が時代の経過とともに大型化していく傾向に気がついた。それと同じことはウマにも言える。初期のウマはテリア犬と同じくらいの大きさだったが、約5000万年にわたって大型化し、

*［訳注］羽ばたくことができなかったと考える研究者もいる。

左
ミクロラプトルの骨格にはマニラプトル類のあらゆる特徴が見られるが、四肢には複雑な風切羽が何列にもわたって生えていた。写真（左）の化石にも骨格の周囲に黒い羽毛が見られる。

飛翔
ミクロラプトルはデイノニクスと同じドロマエオサウルス科の恐竜で、四肢に飛翔するための羽毛を持っていた。空気力学の計算によると、前後の翼を動かして飛び立ち飛翔することができたという。鳥類だけでなく恐竜にも飛翔する仲間がいたということだ！

現在の大きさになったのだ。

コープの法則が多くの動物の進化に当てはまる理由は簡単だ。大きい体を獲得することには、生息地の支配者になれるなど多くの利点がある。植物食恐竜ならその土地の食糧を独占できるし、敵からの攻撃も免れる。たとえば現在のゾウがそうだ。肉食動物が大きな体を手に入れれば、どんな相手にも襲いかかれるようになる。もちろん、体が大きいことで払わなければならない代償もある。体が大きければ大きいほど多くの食糧が必要だし、繁殖適齢期を迎えるのが遅く、幼体の成長にも時間がかかる。

そのため、ティラノサウルスやギガノトサウルス、カルカロドントサウルス、スピノサウルスなどの獣脚類が体重5〜8tほどに大型化するなか、マニラプトル類というグループは小型化の道を選んだ。三畳紀には全長5mで体重120kgだったが、ジュラ紀の約5000万年間のうちにどんどん小さくなり、最終的には体重0.5kgのニワトリサイズになったのだ。

それと同時に、マニラプトル類は前肢を長く、力強く進化させた。マニラプトル類には「手の狩人」という意味があり、強力な長い指で獲物を掴むことができた。また、モンゴルで見つかった化石から、前肢には風切羽が等間隔で並んでいたこともわかっている。ジュラ紀のある時点から滑空能力を身につけて、おいしい昆虫を求めて木から木へ飛んで移動していたようだ。体重を軽量化し、前肢を伸ばし、翼を大きくしてバランスをとったことが、動力飛行（羽ばたき）を実現するための重要な転機になったと言える。

のちの章でも触れるが（98ページ）、鳥類や飛行機が飛び立つためには、体重と翼面積の適正比率が必要条件となる。体重の減少（小型化により実現）はその条件を満たす最善策なのだ。

第2章 生理学 PHYSIOLOGY

恐竜の視覚化

過去200年にわたり、恐竜はさまざまな姿で復元図に描かれてきた。今では科学的に解明された情報をもとに、驚くほどリアルな模型やイラスト、動画などが作成されるようになっている。

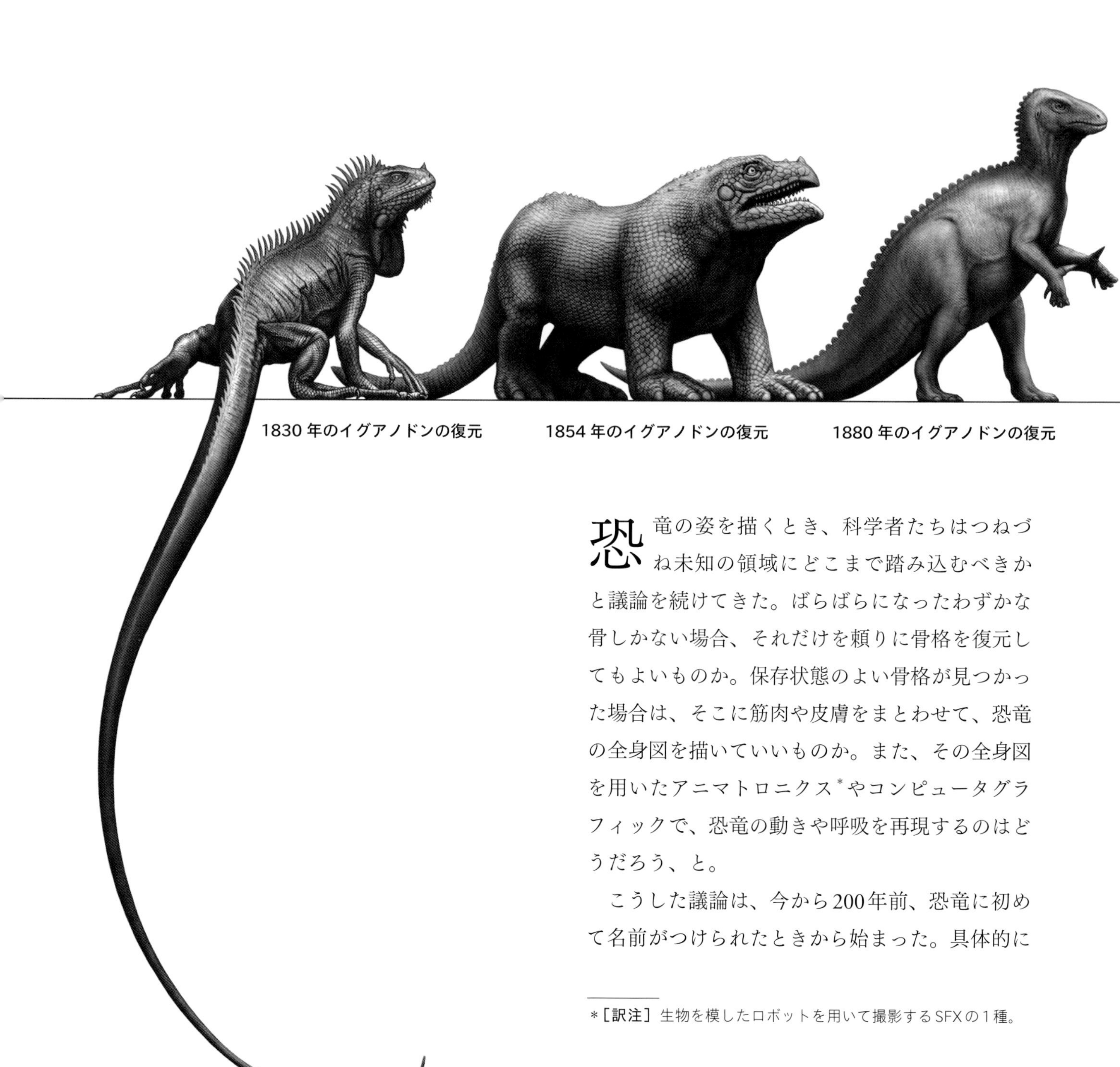

1830年のイグアノドンの復元　1854年のイグアノドンの復元　1880年のイグアノドンの復元

恐竜の姿を描くとき、科学者たちはつねづね未知の領域にどこまで踏み込むべきかと議論を続けてきた。ばらばらになったわずかな骨しかない場合、それだけを頼りに骨格を復元してもよいものか。保存状態のよい骨格が見つかった場合は、そこに筋肉や皮膚をまとわせて、恐竜の全身図を描いていいものか。また、その全身図を用いたアニマトロニクス*やコンピュータグラフィックで、恐竜の動きや呼吸を再現するのはどうだろう、と。

　こうした議論は、今から200年前、恐竜に初めて名前がつけられたときから始まった。具体的に

＊［訳注］生物を模したロボットを用いて撮影するSFXの1種。

現在のイグアノドンの復元

恐竜像の進化
左のイラストからイグアノドンの復元の変遷がわかる。1830年頃には巨大なイグアナのような生物として描かれ、1854年にはロンドン万国博覧会で展示された実物大の復元模型のような生物として伝えられた。イグアノドンの完全骨格が見つかって以降は、カンガルーのような直立型二足歩行の姿勢に描きかえられた。現在は四足歩行もできる、よりバランスのとれた二足歩行の姿勢で描かれている。

は1824年にジュラ紀の獣脚類メガロサウルスが、1825年に白亜紀の鳥脚類イグアノドンが命名されたときだ。古生物学者の役目とは、ただ化石の骨の絵を描くことであって、その生物がどんな姿で、何を食べて、どんな暮らしをしていたのか考えることではないのだろうか。それとも、古生物学者はあらゆる手がかりを拾い集め、生きた恐竜の姿を絵や模型で表現するべきなのだろうか。

その結論はいまだ出ていない。一部の古生物学者たちは、自分たちの役割はただ科学的事実を伝えることであり、それ以上の何かを仮定したり推察したりすることではないと考えていて、博物館に実写的な復元図や動画を展示することを好ましく思っていない。しかし、それ以外の科学者たちは、模型やイラスト、コンピュータによるアニメーションを用いて、研究の成果を広く人々に伝えるべきだと考えている。

古生物学者が「生きた恐竜」を初めて描いたのは1820年代のことだったが、世間の注目を集めた最初の復元と言えば、1854年にイギリスで製作された水晶宮の展示だろう。彫刻家で博物学者でもあったベンジャミン・ウォーターハウス・ホーキンズ（1807～1894年）が鋼鉄とコンクリートで作った実物大の復元像で、当時のロンドンっ子たちの耳目を集めた。のちにチャールズ・ロバート・ナイト（1874～1953年）が、アメリカ西部で新たに発見された恐竜すべての現代的な復元図を作成すると、それが主要な博物館に展示された

左上
1854年、ウォーターハウス・ホーキンズが水晶宮の展示のために製作した恐竜の模型。2頭のイグアノドンはいかにも獰猛な姿で、体は鱗に覆われ、鼻の上には角がある（発見当初は角の化石とされていたものが、のちに親指の爪だったことが判明）。

左下
海に見立てた池のほとりに、首の長いプレシオサウルス類の模型が設置されている。ジュラ紀の海に生息したこの爬虫類は、大きな前の（あるいは両方の）ひれ足を使って泳ぎ、魚を捕食していたようだ。

下
皮革のような質感の翼を持つ翼竜が今にも崖の上で動き出しそうだ。ホーキンズが手がけたこの翼竜は、魚を捕まえるのに適した小さな鋭い歯をくちばしに備えている。2頭とも翼を畳んでいるが、奥の1頭はまさに飛び立とうと翼を広げかけているところだ。

り、雑誌や一般書に掲載されたりした。

潮目が変わったのは1990年代、アーティストがCGI（コンピュータグラフィックス画像）を用いるようになったときで、ハリウッド映画の『ジュラシック・パーク』（1993年）やBBCのドキュメンタリー番組『ウォーキングwithダイナソー〜驚異の恐竜王国』（1997年）などが制作された。しかし、その後も時代とともに恐竜の姿は変化していった。初期のCGIによる映像では恐竜の皮膚が鱗に覆われていたのだが、今では多くの恐竜が羽毛を持っていたことがわかっている（58ページ）。恐竜の本当の姿をいつ完全に知ることができるかはわからない。しかし、私たち古生物学者は、その日がそう遠くないと考えている。

上
映画『ジュラシック・パーク』で脱走したティラノサウルスが主人公に襲いかかろうとしている場面。シリーズ1作目では恐竜の皮膚が鱗で覆われているものの、ゆったりとした走行スピードは忠実に再現されている。今ならティラノサウルスの皮膚に羽毛が付け足されるだろう。

左
映画『ロスト・ワールド／ジュラシック・パーク』のワンシーン。恐竜調査隊の勇敢な隊員たちが、木の葉を食べるステゴサウルスを観察している。かつては尾を地面に引きずって歩く姿が描かれていたステゴサウルスだが、本作では尾を上げて活発に動いている。

検証 骨を組み立て肉付ける

恐竜のリアルな姿を描く復元図は、新しいデジタル技術だけによって生み出されるものではない。古生物学者が化石から拾い集めた情報もまた、恐竜の再現に活かされている。昨今の中国における発見は恐竜研究に大きな革命をもたらした。1990年代まではごく単純に、鳥類には羽毛があり、恐竜にはなかったと考えられていたが、中国の古生物学者が1996年のシノサウロプテリクスを皮切りに、1998年にカウディプテリクス、2000年にはミクロラプトルと、羽毛をたたえた恐竜の化石を立て続けに発見した（58ページ）。この恐竜3種の発見によって、小型獣脚類の多くが羽毛を持っていたことがわかったわけだが、その先にさらなる発見が待っていた。2002年に、プシッタコサウルスにも羽毛があったことが明らかになったのだ。しかし、これが混乱を招いた。恐竜の系統樹上、プシッタコサウルスは鳥類とはまったく別の枝に分岐していた。もしや、すべての恐竜に羽毛があったということなのだろうか。

羽毛の発見により、それまでは鱗に覆われていた恐竜の外見が一変した。さらに2010年には、恐竜の羽毛の色まで特定できるようになった（172ページ）。この流れには、恐竜の復元図や模型を製作するパレオアーティスト（古生物アーティスト）たちも高い関心を寄せた。2010年まで描いてきた恐竜が正しい姿ではなかったというのだから当然だ。皮膚は鱗に覆われていたわけでも、すべてがくすんだ色だったわけでもなかったのだ！

下の図は、パレオアーティストのボブ・ニコルスが描いたシノサウロプテリクスの復元図だ。羽毛の質感や色と模様が鮮明に描かれている。こうした外見の特徴は、保存状態のよい化石から得た情報に基づいているため正しいと言える。シノサウロプテリクスは、尾や四肢や顔を含む全身がごわごわした短い毛で覆われていた（171ページ）。中国で見つかった化石（60～61ページ）にはすべての骨と羽毛が保存されていて、茶褐色と白色の羽毛と、目の周りのマスクのような黒っぽい模様まで見ることができる。

ニコルスはデジタルアートのアプリケーションを用いてこの復元図を製作した。デジタル処理では羽毛や鱗などを1つずつ加工できるし、色の補正もできる。また、新しいデータに基づいていつでも細かな修正ができる。2次元画像を3次元画像に変換し、アニメーションや展示に用いることも可能だ。新しいパレオアートの時代の幕開けだ！

恐竜を肉づけする
ばらばらの骨（左の部分）から恐竜の生きた姿（右の部分）が復元される。ここに描かれているのは、羽毛を持つコエルロサウルス類のシノサウロプテリクスだ。ばらばらだった尾の骨がつなげられて骨格を成し、筋肉、皮膚、羽毛が付け加えられて生きた姿ができあがる。すべて化石から得られた証拠に基づいている。

現在の爬虫類と鳥類

現在の爬虫類と鳥類の生理機能から、恐竜について理解できることも多い。しかし、両者の生理機能には決定的な違いもある。

かつて古生物学者が恐竜を復元するときには、トカゲやワニなど現在の爬虫類ばかりに注目していた。恐竜は当初、動物園で飼育されるワニのような動きの鈍い外温動物だと考えられていた。ワニは日光浴で太陽光線の熱を吸収して過ごし、ごくたまに動くときも動きが緩慢だ。水辺に向かってのそのそ歩き、ゆっくりと水に入って泳いだり、飼育係が置いた肉の塊のほうへ腹ばいで近づいていったりする。

これは典型的ないわゆる変温性爬虫類の描写と言えるだろう。トカゲとワニは変温動物、つまり外温性の生き物だ。外部の熱源から体温のほとんどを獲得し、日向の岩の上に乗って、下から岩の熱を、上から太陽光の熱を吸収する。外温性の小型の爬虫類は危険を察知すると素早く岩の下へ入り込むが、これはエネルギーレベルが低いため、遠くまで走って逃げることができないからだ（88ページ）。外温性であることの大きな利点は、温

1日の体温推移

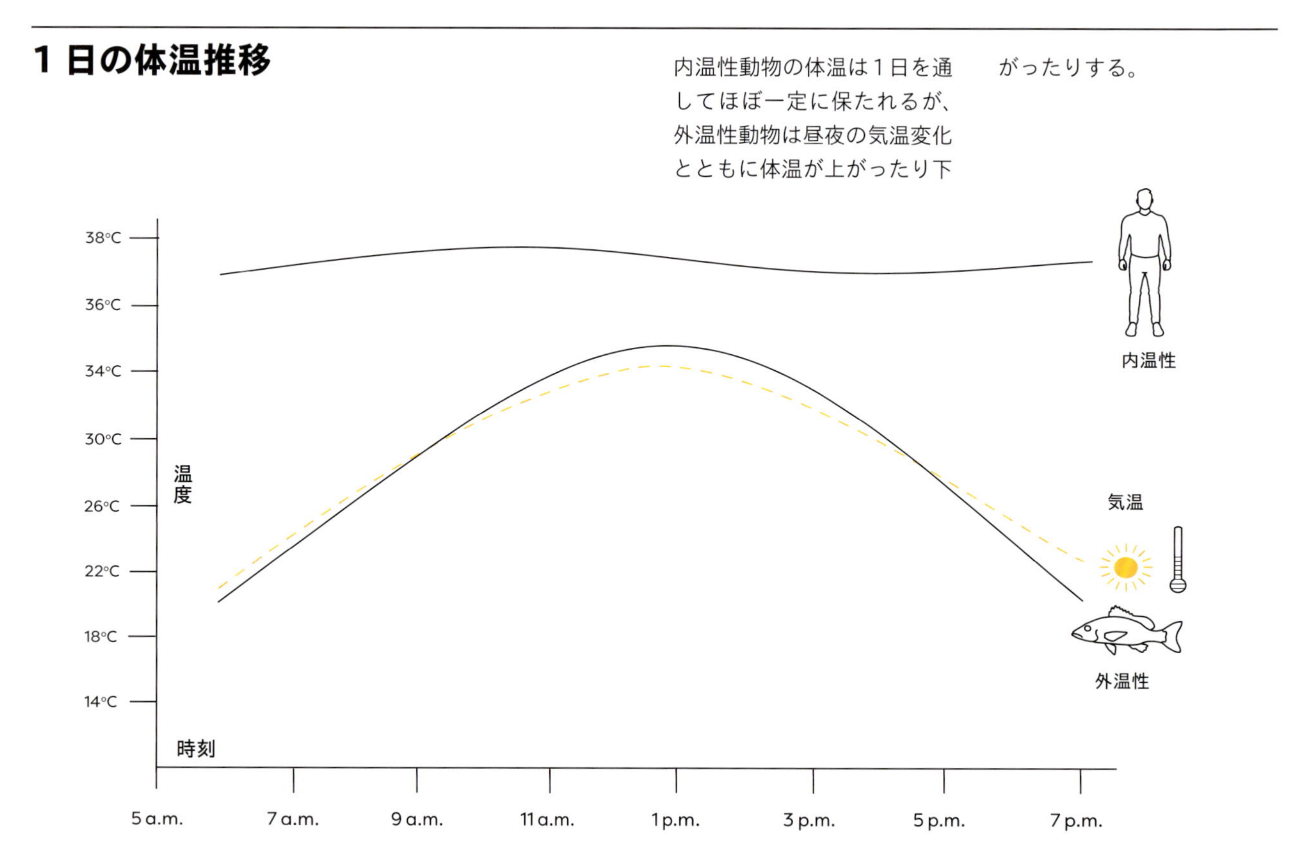

内温性動物の体温は1日を通してほぼ一定に保たれるが、外温性動物は昼夜の気温変化とともに体温が上がったり下がったりする。

内温性は外温性より
すぐれている？
ワニ（外温性）の背に止まったこのシラサギ（内温性）なら「当然さ」と答えるかもしれない。しかし、どちらの動物もそれぞれの生活様式に合った戦略を身につけているのだ。

暖な地域を好むが、食糧を大量に必要としない点だ。

一方、鳥類や哺乳類などの内温性の動物は、大量の食糧を必要とする。ダチョウや人間など、体重がワニと同じくらいの内温性動物は、ワニの10倍の食事量が必要だ。摂取した食糧の90％が体温を維持するための熱源として消費される。恒温性であることの利点は、寒冷な地域を含め、世界中どこででも生きていけることだ。体内に熱源を持っているため、体温を一定に保つことができる。気温が下がる夜間、獲物が警戒をといた隙を狙って狩りをすることもできる。恒温動物の体内で起こる化学反応が高い熱生産性を発揮して、体温を一定に保つ熱源となっている。

こうした外温性と内温性の違いが、生理機能の重要なカギを握っている。生理機能とは、摂食、呼吸、エネルギー変換、水分循環、筋肉の動きに関係するすべての化学反応を指す。生理機能で重要なのは生物の代謝率で、これは酸素消費量で表される。外温動物は、平常時の呼吸率が内温動物よりも低い。内温動物は活動的で動きが速く、日常的に運動負荷が大きいため、酸素の消費率が高くなる。

では、恐竜はどうだろう。動きが緩慢で、1日のほとんどを寝て過ごしていたのだろうか。それとも、活発で動きが速く、複雑な行動をしていたのだろうか。

特殊な内温性動物

恐竜は外温動物か、それとも内温動物か。恐竜の体温調整についての議論は、恐竜の行動に関するあらゆる側面の解明に大きく影響する。

恐竜は外温性か、それとも内温性だったのか。1970年頃まで、生物学者たちは恐竜が外温性だったと信じて疑わなかったが、のちに詳細な骨構造を示す証拠が見つかると、内温性だったと考え直さざるを得なくなった。見つかった骨は内温性を物語るあらゆる証拠を突き付けていた。1つ目の証拠は、内部構造に継続的な成長のあとが見られ、また現在の哺乳類や鳥類の骨に見られるような穴が開いていたこと。2つ目は、現在の鳥類や哺乳類と同じような微細構造が見られたこと（次の段「骨の組織学」）。3つ目の証拠は2022年、イェール大学のジャスミナ・ウィーマン博士による恐竜の内温性に関する研究で明らかにされた。ウィーマン博士は、鳥類と哺乳類、そして恐竜の骨には、特定の有機性化学廃棄物が高レベルで含まれていることを発見した。これは食糧の大量消費を物語るもので、外温動物のトカゲやワニには見られない特性だった。

多くの恐竜は大きな体を持っていたが、それはつまり、彼らが体温を調節するための自動制御の機能を備えていたということだ。小さいトカゲは日中に太陽光の熱を吸収するが、夜になると体温が低下する。ワニは体が大きく、温度変化が緩やかだ。それならば、恐竜はもっと温度変化の速度が遅かったはずだ。体の大きさによって温度変化が緩やかになる効果を慣性恒温性と呼ぶ。つまり、体が大きければ大きいほど体の熱が逃げにくくなり、体温を安定的に保てるようになるのだ。

慣性恒温性は、体重に対する体表面積で決まる。小動物は体重のわりに体を覆う皮膚の面積が大きいが、大型動物は相対面積がはるかに小さくなる。ゾウやクジラのような大型の内温性動物は、体重1tあたりに必要な摂食量と酸素量が少ないが、ネズミやハチドリなど小型の内温性動物は、小さな体からどんどん喪失されていく体温を補うために、たくさん食べて高速で呼吸しなければならない。

ブロントサウルスなどの巨大な恐竜は、体重が現在のゾウの10倍もある内温性動物で、おそらくゾウの10倍も食べる必要がなかったと考えられる。大きな体の保温特性のおかげで、深部体温が自然と保たれたのだ。

骨の組織学

体内の細胞組織を研究する分野は組織学と呼ば

れ、科学者たちは長年にわたり顕微鏡をのぞいて研究を続けてきた。生物学者と医者たちは、現在の動物と人間の皮膚、骨、臓器など各部位を調べ、異なる細胞型から病気の兆候を見つけ出す。

ヒトは37兆個の細胞でできていて、細胞はそれぞれ異なる機能を持つ200種類の型に分類される。神経細胞、血管系細胞、筋肉細胞、骨細胞にもそれぞれ数種の細胞型がある。

骨は生体組織の1つで、神経、血管、脂肪、軟骨と、硬組織を形成する針状結晶のリン酸カルシウム（アパタイト）でできている。生体の骨には柔軟な部分と硬くてもろい部分があるが、柔軟性は年齢とともに変化する。たとえば、子どもが転倒しても骨がたわんで元に戻り、打撲程度のケガで済む。もっと激しい衝撃を受けた場合は骨折す

木の葉を食べる
大型の竜脚類のブロントサウルスが後肢で立ち、新鮮な木の葉を頬張ろうとしている。大型の恐竜の体温が安定していたのは、大きな体のおかげだった。

るかもしれないが、折れた骨の断面を再配置して添え木で固定すれば、骨は正しく接合する。しかし、骨は年齢とともに柔軟性を失い、年をとると若い頃よりも折れやすくなる。

骨組織は外温性と内温性で特徴が異なり、その違いは化石にも現れる。今から100年以上前、化石の骨の顕微鏡切片を観察できるようになったのは、古生物学者にとって朗報だった。生物学者が現生動物の組織薄片を採取するのと同じように、光が透けるほど薄くて、組織が十分観察できる薄片を化石の骨から作製できるようになったのだ。化石の骨の薄片を顕微鏡でのぞいた古生物学者たちの目に飛び込んできたのは、現生動物の骨と遜色ない細かな骨のつくりだった。化石の骨にはあらゆる要素が備わっていて、現生動物の骨と違っていたのは、もともと血管や脂肪などの軟組織があったはずの空間が鉱物で満たされていたことぐらいだった。

1970年代、古生物学者たちは研究の成果として、恐竜の骨が線維層板骨（せんいそうばんこつ）と呼ばれるタイプの骨だったことを発表した。線維層板骨というのは、異なる種類の組織が層状に結合した骨小腔（こつしょうくう）を持つ複合体だ。このタイプの骨は、成長スピードが速い鳥類や哺乳類などの内温性動物の生体に見られる。

内温性のもう1つの特徴は、2次ハバース管の

体の大きさと代謝率

酸素消費量から測定される代謝率は体の大きさに比例する。現在の爬虫類は外温動物で酸素の必要量と消費量が少なく、哺乳類よりも代謝率が低い。グラフでは、恐竜の推定代謝率が高く、どちらかというと爬虫類よりも哺乳類に近い。これはおそらく、恐竜が内温動物だったからだろう。

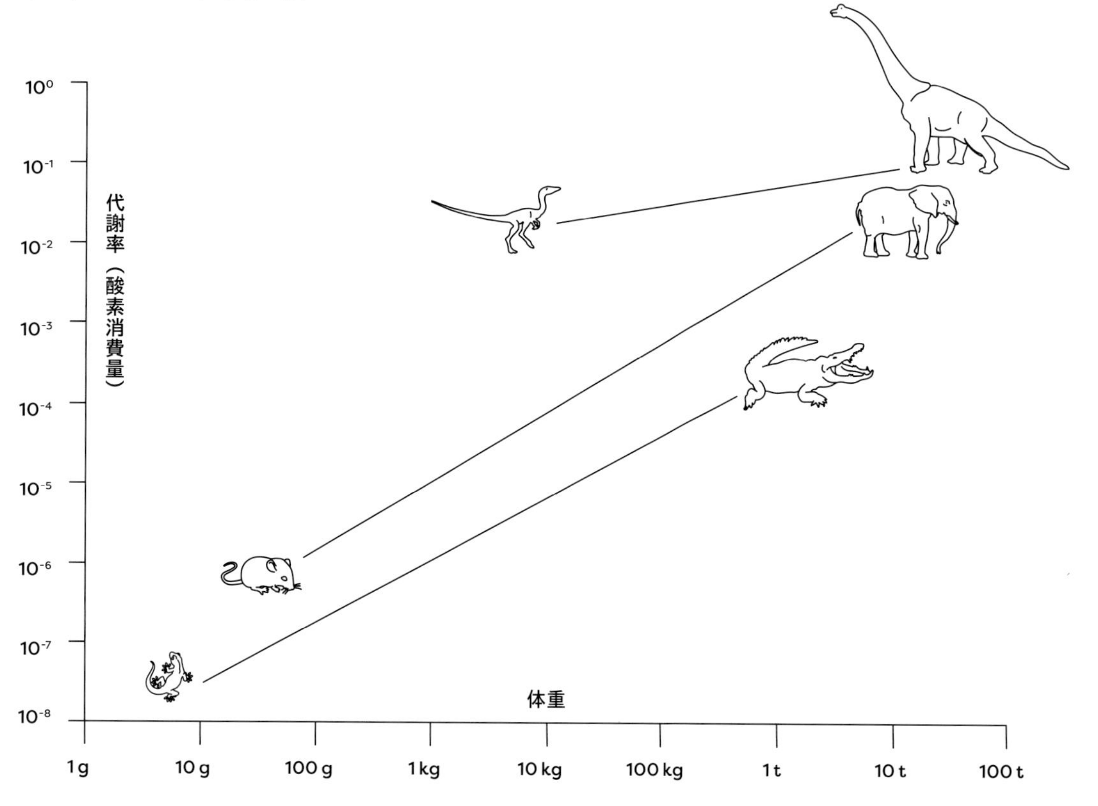

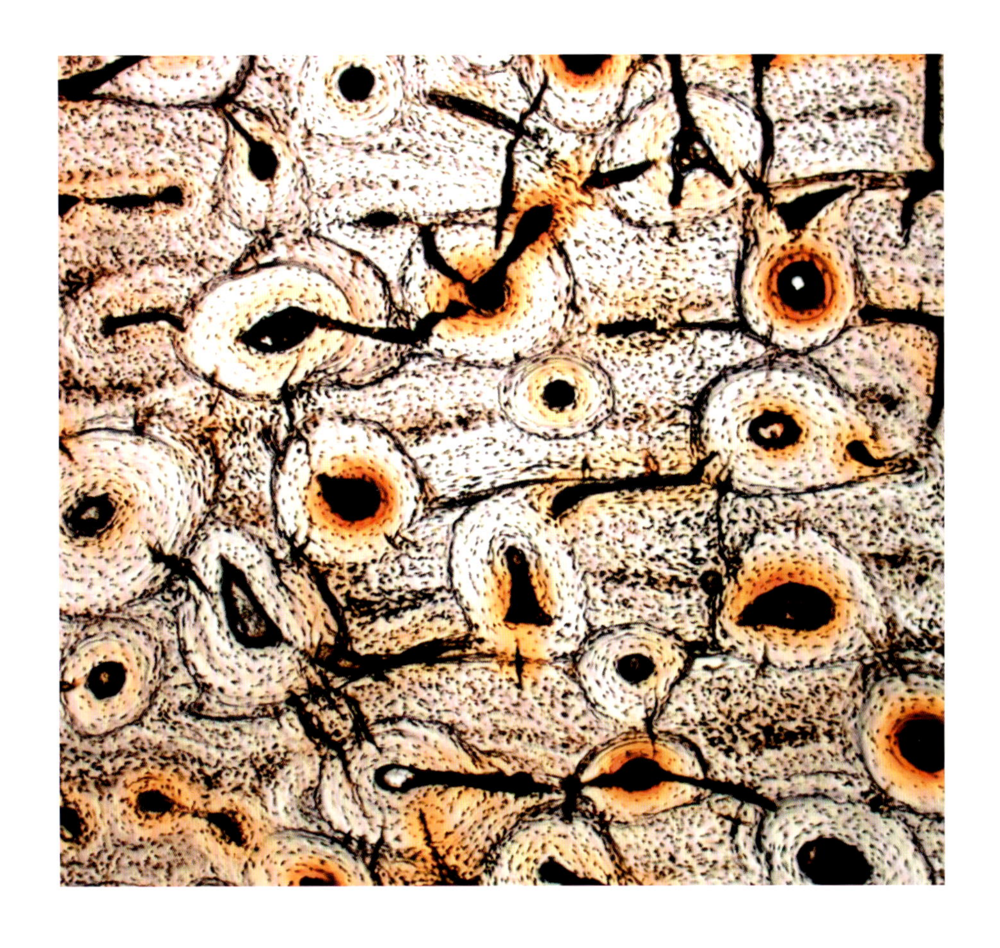

骨の薄片
恐竜の骨の薄片を顕微鏡でのぞいた様子。薄い色の骨の層と、血管や神経が通っていた黒い空間からなる線維層板の組織が全体に見える。このタイプの骨は成長スピードの速い内温性の特性だ。背景の組織に重なっている一回り大きい環状組織がハバース管と呼ばれるもので、骨からミネラルを溶出して恐竜の成長を助けるはたらきがあった。新しい骨が管に沈着し、血管が通る中央の円形の空間だけが黒く残っている。

リモデリング（再生）だ。これは骨の再構成のことで、もとの骨が部分的に分解されてミネラルが血流に取り込まれ、新しい骨ができて2次ハバース管と呼ばれる環状の重複構造を作り出す。このようなシステムはふつう代謝率の高い生物にしか見られない。とくに活動量が多く、カルシウムやリンなど、ミネラルの迅速かつ豊富な供給が必要とされる場合にこのような現象が見られる。

一方、現在のカメやトカゲ、ワニなど爬虫類のほとんどは、こうした骨組織をまったく作り出さないか、あるいは頻度があまり高くない。その代わり、帯状層板骨（たいじょうそうばんこつ）と呼ばれるタイプの骨を持ち、成長周期が骨に現れる。それらの爬虫類にはハバース管のリモデリングは見られない。いずれも成長が遅くて代謝率が低い変温（外温性）動物の特徴だ。

そんなわけで、保存状態のよい化石の骨から恐竜の代謝率を求めることができるようになり、恐竜が恒温(内温性)動物だったことが明らかになったのだ。

羽毛について

鳥類に羽毛があるように、ほとんどの恐竜にも羽毛があった。これはいまだ議論が続く新しいテーマだが、発見された証拠には説得力があり、恐竜の内温性とも一致する。

恐竜はかつて、巨大なワニやヘビのような鱗に覆われた姿で描かれていた。実際に多くの恐竜が鱗や骨のプレート（骨板（こつばん））を持ち、それらが装甲の役割を果たしたり、ケガから体を守ったりしていた。1970年代には恐竜が羽毛を持っていたのではないかと考える者も現れたが、その疑問に対する答えが見つかったのは1996年のことだった。

その年、中国の白亜紀層で羽毛を持つ最初の恐竜、シノサウロプテリクスが発見された。当時の古生物学者の中には羽毛説に懐疑的な者もいて、羽毛のように見える硬い単純な毛状のものは鱗や筋肉の細かな断片にすぎないと言い続けていた。しかし、中国ではそれから数年のうちに羽毛を持つ恐竜が次々と見つかり、もはやそれを確たる証拠として受け入れるほかなくなった。羽毛は鳥類だけでなく、多くの恐竜にもあったのだ。

では、恐竜の羽毛はどんな役割を果たしていたのだろう。鳥類の羽毛にはおもに3つの機能がある。羽毛で断熱して体を暖かく保つこと、特殊な羽毛を使って飛翔すること、そして羽毛をディスプレイとして用いることだ。2010年には恐竜

羽毛と鱗
ロシアのジュラ紀の地層から見つかった植物食恐竜のクリンダドロメウスの体は、羽毛と鱗が混在する皮膚に覆われていた。化石に残された痕跡から、尾は幅の広いよろいのような鱗に覆われていて、後肢には部分的により小さい鱗があり、それ以外の部分は羽毛に覆われていたことがわかった。

羽毛の種類
現在の鳥類に見られる羽毛には7つのタイプがある。翼羽（風切羽）と尾羽（左）、やわらかい綿羽、本羽、半綿羽、そして剛毛羽と糸状羽（右）だ。

の羽毛の色を判別する方法が開発され（172ページ）、恐竜の体がじつはカラフルだったこと、そしておそらくはカラフルな羽毛がディスプレイに用いられていたことがわかった。

2014年にはさらに衝撃的な発見があった。クリンダドロメウスという鳥盤類の恐竜に羽毛（と考えられる繊維状組織）が見つかったのだ。これにより、鳥類と起源が近いとされる獣脚類のみならず、すべての恐竜に羽毛があった可能性が出てきた。そして2018年、続いて2022年に、恐竜に近縁な飛翔する爬虫類の翼竜類にも羽毛があった証拠が発表された。進化を表す系統樹では、三畳紀前期に翼竜と恐竜が分岐していることから（35ページ）、最初期の恐竜とその直接祖先にも羽毛があったと想定される。おそらく最初は保温を目的として発達し、のちにディスプレイのための色や模様を進化させ、最終的には獣脚類に滑空や飛翔のための正羽が現れたのだろう。

さまざまな羽毛の種類

羽毛には、猫のひげのようなもの、ふわふわの綿毛のようなもの、大きな羽など、さまざまな種類のものがある。羽軸の左右に枝分かれした羽枝を持つものには、翼に見られる飛翔のための風切羽のほか、肩と翼の雨覆や尾の尾筒などがある。

現在の鳥類には7つのタイプの羽毛があり、大きくは繊維状の羽毛と正羽とに分けられる。繊維状の羽毛には3つのタイプがある。1つ目は硬い剛毛羽で、目と顔の周りに生えて保護する役割がある。2つ目は同じく硬い糸状羽で、剛毛羽にはない羽柄を持つ。くちばしの周りに生えていることが多く、昆虫などの獲物を素早く感知する感覚器のようなはたらきをする。3つ目は綿毛のような構造の綿羽（ダウン）で、根元から多数の羽枝が出ている。体を覆って保温する。

その他の羽毛は正羽に分類される。すべてが中央に羽柄または羽軸を持ち、左右に多数の羽枝がある。これらの大きな羽は翼と尾の大部分をなし、背を覆っている。半綿羽は無数の羽枝が結合しない綿毛のような形状で、おもに保温を目的としている。体羽は羽枝が小さな留め具で連結されていて、羽としての形をなしている。鳥の翼の表面から背中を覆う。

残りの2つのタイプは、地面に落ちているハトやカモメの羽根にあたるものだ。尾羽と翼羽（風切羽）と呼ばれるそれらの羽の多くは長い形状で、羽軸と羽枝を持ち、全体が飛行に適した平面になっている。風を通せば固体面として機能しないので、気密性が高い丈夫な構造でなければならない。

鳥類を観察すれば、これらの羽毛の重要性がわかるだろう。鳥たちはしばしば翼を広げ、くちばしで羽毛をついばむように羽繕いをしている。羽繕いは羽についた植物の種子や寄生虫などを取り除くために欠かせないが、羽枝を整えて隙間やもつれを整える目的もある。

恐竜の羽毛

シノサウロプテリクスやカウディプテリクス、ミクロラプトルなどの恐竜に羽毛が見つかり、恐竜の羽毛も現生鳥類の羽毛と同じ7タイプに当てはまるかのように思われた。しかし、それと同時に奇妙な証拠も見つかった。どうやら恐竜の中に、現在の恐竜である鳥類とは異なる種類の羽毛を持つものがいたようなのだ。たとえば、中国の徐星（シュー・シン）の研究チームが獣脚類のオヴィラプトロサウルス類であるシミリカウディプテリクスを調べていたとき、リボン状のめずらしい羽毛があることに気がついた。長くて平たい羽軸の先端に、枝分かれした羽枝の大きな房が、まるで旗のようについていたのだ。別の恐竜の羽毛も細かく観察してみたところ、ほかにも変わった形状の羽毛が見つかった。白亜紀前期の鳥盤類だったプシッタコサウルス（174ページ）は、尾の中央線に沿って、長さ16cm超の硬い円筒形の剛毛羽が直立して密に生えていたという。

ジュラ紀中期にロシア東部で生息していた鳥脚類のクリンダドロメウス（58ページ）は、じつにさまざまな種類の鱗と羽毛を持っていた。頭部と胴体に剛毛羽が生え、体は全身にわたって長い羽毛で覆われていて、円形の基板からは5～7つの細い針状の羽毛が後方へ流れていた。この特殊な羽毛は鱗と羽毛の中間のような組織だが、現在の鳥類には羽毛と鱗の両方が見られる。ニワトリは全身に羽毛をまとっているが、後肢は爬虫類のような鱗状だ。クリンダドロメウスも肢が鱗に覆われていて、尾も鱗状だった。このことから、羽毛と鱗は恐竜と鳥類の共通項と考えてよさそうだ。

恐竜に近縁な翼竜（24ページ）に関する最近の研究では、翼竜も羽毛を持っていたこと、また、羽毛には少なくとも4つのタイプがあったことが明らかになっている。その4つとは、単純な剛毛羽、先端が房状の剛毛羽、先端にかけて半分房状になった剛毛羽、そして綿羽だ。

恐竜と翼竜が羽毛を持っていたことと、羽毛の種類が現生鳥類より豊富だったことは、おおよその予想を裏切るものだし、衝撃的にも聞こえるかもしれない。しかし、これら中生代の爬虫類が1億6000万年以上にもわたって生存していたことを考えれば、羽毛が多様な機能を発達させたというのは自然ななりゆきとも言える。さまざまな羽毛が生まれたとしても、なんら不思議ではないだろう。

琥珀に保存された化石

琥珀は異色の物質だ。琥珀とは、樹液が固まってできた黄色もしくはオレンジ色の透きとおった鉱物だ。とくにマツやトウヒなどの針葉樹が樹皮のひび割れなどを修復するために出す接着剤のような樹液が原料となっている。琥珀は半貴石として、ペンダント、ネックレス、指輪などに使われている。なかでも何世紀も前から高い人気を誇る

すべてを変えた化石
1996年に発表されたこのシノサウロプテリクスの標本は、鳥類以外の生物に羽毛が観察された初めての例となった。後頭部から体にかけてはひげのような短い羽毛が、尾には房状の羽毛が生えているのが見える。

のが、昆虫化石が入った琥珀だ。樹液の中に閉じ込められた虫がそのまま保存されていて、脚に生えた毛などの細部や、甲虫の美しい色がそのまま残っていたりする。

古生物学者たちは長年にわたって琥珀の化石を研究している。ドイツ北部、カリブ海のドミニカ共和国、東南アジアのミャンマーで見つかった琥珀だ。なかでも最近見つかったミャンマー産の化石はとくに貴重なものだった。琥珀の内部に、小さいトカゲやカエル、さらには鳥にいたるまで、すばらしい生物の標本が保存されていたのだ。

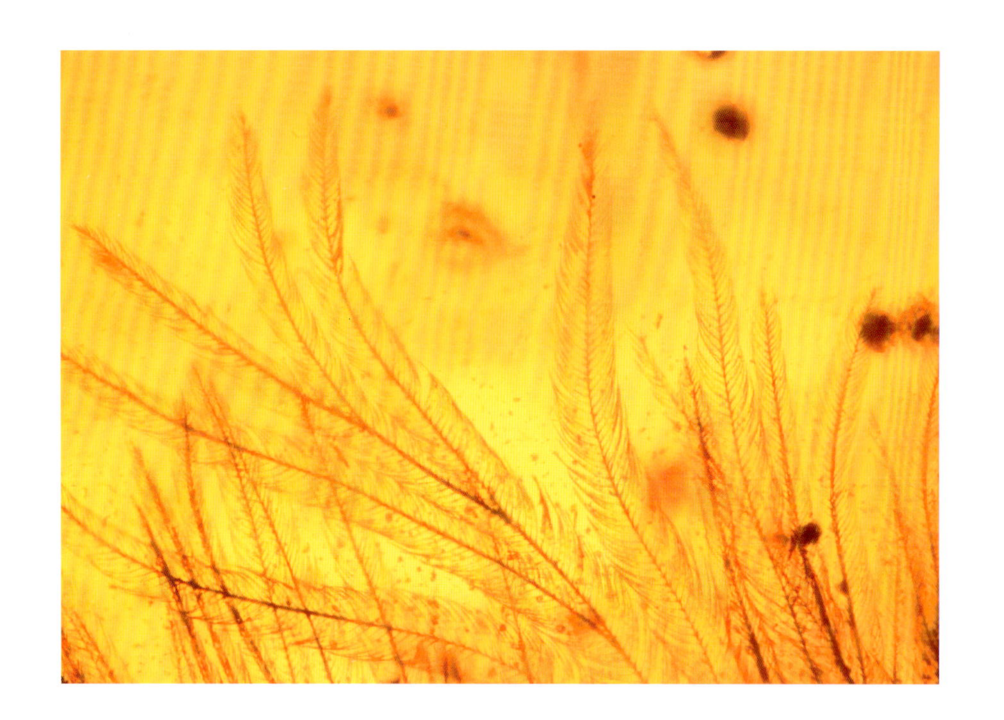

左・右
これぞ夢の恐竜化石？！　琥珀の中に小さい恐竜の尾が閉じ込められていて、枝分かれした長い羽毛の細部まで見ることができる。羽毛に間違いないが、現生鳥類には見られないタイプだ。標本の全体（右）は手のひらに軽く乗るくらいの大きさだ（アリがいるのがわかるだろうか）。同じ標本を拡大すると（左）、長いひげのような正羽の先端が見える――このような正羽は鳥類には見られない。

ミャンマー産の琥珀はおよそ1億年前の白亜紀のもので、内部に小さい植物や動物の化石が入っている。白亜紀は顕花植物、つまり被子植物が誕生した時代だ。新しい花に新しい昆虫たちが集まり、それを新しいトカゲや鳥や哺乳類が捕食していた。

古生物学者たちはみな、「夢の化石」を見つけたいと冗談交じりに言い合っていたものだった。「夢の化石」――それは、恐竜が閉じ込められた琥珀だ！　当時はそれがまったくバカらしい夢のように思われていた。巨大な恐竜が小さな琥珀の中に保存されるわけがない、と。そして2016年、その「夢の化石」が見つかった。とはいっても、そこに保存されていたのは小型恐竜の尾のほんの一部だった。淡い黄色に輝く、手のひらに収まるほどの琥珀の中には、細くて長い羽毛が生えた尾がたしかに保存されていた。発見当初、古生物学者たちは尾のけば立ちを体毛だと考え、初期の哺乳類の何らかの化石だと思っていた。しかし、毛足の長いけば立ちの構造をくわしく観察したところ、側枝（そくし）が多数存在していることが判明し、それで羽毛だとわかったのだ。古生物学者はなぜそれが鳥類の長い尾ではないとわかったか？　化石をX線で精査すると、内部に皮膚と筋肉と骨が見つかり、その骨の構造が鳥類のものではなく恐竜の尾骨のものだったのだ。

呼吸

恐竜の呼吸は鳥類と同じく非常に効率がよかったと考えられている。恐竜が身につけた呼吸様式は、大きな体で活動的に動くのに適したものだった。

呼吸は普段気にも留めないごく日常的な活動だ。私たち人間は、息を吸って酸素を体内に取り込み、息を吐いて不要な二酸化炭素を体外へ排出する。人間の肺は、酸素が血液中の赤血球にのって全身に運搬されるよう、取り込んだ気体の処理を行っている。酸素が全身の筋肉や臓器の組織にいきわたったあと、二酸化炭素が血流にのって肺へ運搬される。酸素は動脈と呼ばれる血管を通って全身をめぐる。酸素を含んだ血液は鮮やかな赤色だ。一方、肺に戻る血液は赤黒く、静脈を通って肺へ運搬される。この全体的な血液循環系の動力となるのはもちろん心臓で、ポンプ運動によって4つの部屋（左右の心房と心室）で血液の受け渡しが行われる。このような「二重の循環」は、酸素を豊富に含んだ鮮やかな赤色の血液と静脈の赤黒い血液が混ざらない効率的なシステムとなっている。

しかし、人間など哺乳類の呼吸システムは全体としてあまり効率的とは言えない。難点となっているのは同じ経路で空気を吸って吐く呼吸方法で（潮汐呼吸（ちょうせきこきゅう））、息を吐くときに廃棄物を含んだ空気が完全には排出されない。つまり、肺と気道に一定量の空気が残った状態で、古い空気をすっかり出してしまう前に新鮮な空気を吸い込んでいるのだ。一方、鳥の呼吸は一方通行だ。肺に加えて複数の気嚢（きのう）を持ち、肺の吸気口と排気口が別になっていて、呼吸のたびに肺の中の空気が完全に入れ替わる。

恐竜もそんな鳥と同じ呼吸システムを持っていたと考えて間違いなさそうだ。恐竜の肺の化石は発見に至っていないが、気嚢の痕跡は見つかっている。脊椎を形成する椎骨（ついこつ）、肋骨（ろっこつ）、四肢骨（ししこつ）に空洞があったことがわかったのだ。この骨の空洞は含気化と呼ばれる現象で、気嚢の収納と体の軽量化を目的とした構造だ。鳥類にとって軽量化は飛翔のために当然欠かせない要素だが、体が大きい恐竜にとっても軽量化は重要だった。とくに首の長い竜脚類は、骨に気嚢があるのとないのとでは首の重さが倍ほども違ったのだ。

鳥のような一方向流の呼吸によって代謝率を上げ、内温性を手に入れた恐竜だったが、仮に哺乳類のような呼吸法を獲得した場合と比べてみても、そのほうが高効率だったはずだ。これはおそらく、大きな体を持ちながら活発に動き回れること、また、大量に食べる必要性を排除することを実現する賢明な戦略の一部だったと考えられる。

含気骨

現在の鳥類とワニ類は骨に空洞を持ち、生きているうちはその内部が気体と液体で満たされている。ワニ類の頭骨の含気化は、現在とは異なっていた古代の生活様式、あるいは異なる呼吸システムの名残だと考えられる。哺乳類にも含気化は見られる。ヒトは頭蓋骨の内部と目の上下に空洞があり、ひどい風邪をひいたりするとそこに痛みを感じたりする。

鳥類の含気化は代謝のための重要なカギだ。鳥の骨はほとんどが空洞になっているが、肢の骨の空洞などには、赤血球を作り出す骨髄と呼ばれる内部組織が入っている。脊椎や寛骨（股関節部）、肋骨、胸骨などの体幹骨や上腕骨の空洞には、外膜内が気体で満たされた風船状の気嚢が収まっている。

しかし、なぜこんなに複雑なつくりを発達させたのだろう。まず、骨に空洞ができると体重が軽くなり、飛翔の際に役立った。鳥類が生き残ることができたのは、そのたぐいまれなる飛翔能力のおかげだ。また、空洞があることで、腰や尾のほうに重心を移動させるなど、姿勢のバランスがとりやすくなる。何種かの鳥は、地上よりも気圧が低い、高い上空を飛ぶ際に気嚢のポンプ機能を利用している。

恐竜の含気化の理由はそれとはまた異なるが、軽量化とバランス調整の機能は重要だった。竜脚類は頭から尾の脊柱のほとんどと、肋骨や上腕骨が含気化していたことが明らかになっているが、それも別段不思議なことではない。竜脚類の含気化した首は、含気化していない場合と比べると、およそ半分にまで軽量化されていたと推定され

異なる呼吸様式

潮汐呼吸

ヒトを含むすべての哺乳類に見られる呼吸法。空気が潮の満ち引きのように出入りする。

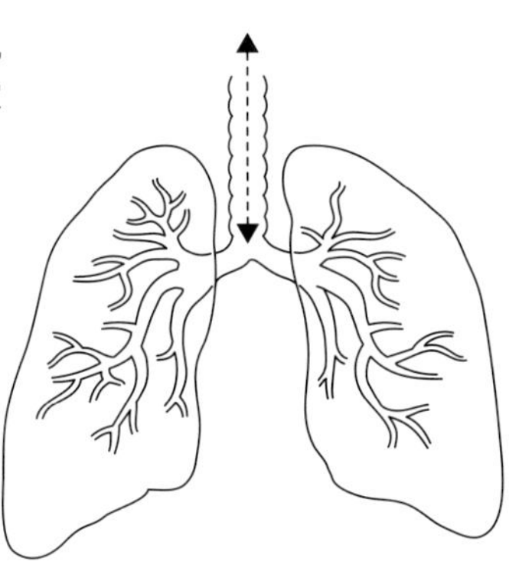

潮の満ち引きのような動き

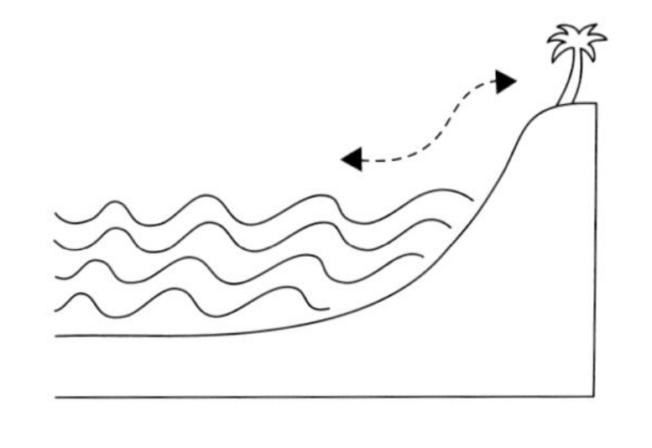

一方向流の呼吸

吸い込んだ空気が循環して体内に酸素を届け、二酸化炭素を回収して排気する。

自動車レースのサーキットのような動き

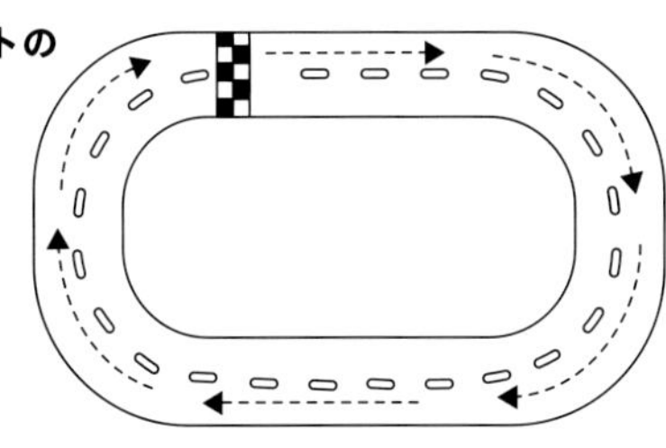

る。長さ10mもある首を肩周辺の大きな筋肉で持ち上げなければならないことを考えれば、軽量化がいかに重要であるかがわかるだろう。

では、小型の獣脚類ではどうだろう。ほとんどの獣脚類の骨には、子孫である鳥類と同じような空洞があった。巨大なティラノサウルスやスピノサウルスなどの場合は、軽量化はそれほど重要ではなく、むしろバランス調整の目的のほうが大きかったようだ。典型的な大型獣脚類は前四半部の体重を軽くして、重心を後方の腰の上か前あたりにくるよう調整している。獣脚類はほぼすべて後肢による二足歩行だ。そのため、バランスを保つことがとくに重要で、重心をやや後ろに保つことで敏捷性が上がり、また、獲物を追うときには方向転換に役立ったようだ。もちろん、呼吸様式の改善も忘れてはならない。恐竜は鳥類のような一方向流の呼吸様式のおかげで、酸素の吸気と二酸化炭素の排気の効率が10%も向上したと考えられている。

呼吸器の感染症

背の高い針葉樹が繁るジュラ紀後期の森を背景に、ドシン、ドシンと巨大なブロントサウルスが歩いている。モリソン層がかつてたたえた湖には夜明けの霧がかかり、冷たい水蒸気の雲がぼんやりと浮かんでいる。鼻をつまらせたブロントサウルスが大きなくしゃみをした。「ハクション！」というすさまじい音に、群れで葉を食んでいたステゴサウルスが不安そうに顔を上げ、そそくさと森のほうへと移動した。ブロントサウルスは苦しそうにゼーゼーと大きな音を立てて肺に息を吸い込み、体幹骨に備わった気嚢から空気を吐き出している。息を吐き出した弾みに鼻の穴から鼻水が飛び出した。みじめに頭を垂れるこのかわいそうなブロントサウルスは、重い病気にかかっているのだ。

恐竜が呼吸器の感染症に苦しんでいたとどうしてわかるのだろう。2022年、グレート・プレーンズ博物館のカリー・ウッドラフとニューメキシコ大学のユアン・ウォルフが、モンタナ州のロッキー博物館が所蔵するブロントサウルスの骨格を調査した。ドリーと名づけられたそのブロントサウルスはオスかメスかもわかっていないが、調査の結果、亡くなったときに呼吸器系の病気を患っていた証拠が見つかったのだ。

病気の証拠というのは、気嚢が収まる頸椎骨の側面に見られた骨病変だった。平らであるはずの面に2.5cmほどの不規則な成長が見られ、これが骨の感染症の痕跡と考えられた。生体が感染したとき、体内で攻撃をしかける感染症への反応として、骨の表面が異常に速く成長したのだ。X線による骨の断面像では、病変部分の中と下部に骨の異常発育の証拠が見つかった。

感染症の原因は何だったのだろう。菌類(きんるい)だった可能性もある。現生鳥類もアスペルギルス症と呼ばれる真菌による感染症にかかることがある。菌類胞子は温暖で湿度の高い環境で育ちやすく、とても微細で口や鼻から呼吸器系へ侵入しやすい。胞子が体内に入ると呼吸器系が炎症を起こし、膜組織が赤く化膿し、損傷が骨まで及んで異常発達が起こり、変形や痛みに苦しめられる。現在の鳥類ではアスペルギルス症が、呼吸困難や異常呼吸音、くしゃみ、粘液の過剰産生などを引き起こす。

恐竜には病気を診てくれる獣医師がいなかったから、薬を出してもらうこともできなかった。しかし、現在のニワトリがよくかかるアスペルギルス症にもじつは治療方法がない。中生代に獣医師がいたとしても、おそらくドリーは助からなかっただろう。

ハ、ハ、ハクション！
史上最大のくしゃみをしたのは、きっとジュラ紀のブロントサウルスだろう。ブロントサウルスは現在の鳥類もかかるような深刻な喉の感染症にかかっていたという。

恐竜の食事量

恐竜が食べていた物を調べることはできる。しかし、1日の食事量を知るのは難しい。

のちに解説するように（70ページ）、古生物学者はあらゆる証拠を用いて恐竜が食べていた物を突き止める。食性の最も基本的な分類は植物食と肉食で、その分類に従ってすべての恐竜と周辺の動物を分類し、食物網を作成していく。食物網とは、どの動物が何を食べていたかという捕食・被食関係を総合的に表す図のことだ。

恐竜は大きな生態系の一部だった。生態系とはつまり、特定の環境と、そこに生息する植物種と動物種との全体的なつながりのことをいう。古生物学者は、共生していた植物と動物について詳細に把握している。食物網にはそんなさまざまな植物と、巻き貝やエビや魚などの水棲動物、トカゲやワニ、翼竜、鳥類、哺乳類、恐竜などの陸棲動物が含まれる。

現在や古代の生態系について知ることによって、生物学者はエネルギーの流れを理解する。太陽から生態系に光エネルギーが供給されると、植物がそれをエネルギー源とし、根から吸収した水と空気中の二酸化炭素を酸素と糖に変える。植物は糖を消費して成長し、葉の気孔から酸素を放出する。酸素を作り出してくれる植物は、私たち生物が呼吸するためになくてはならない存在だ。光合成と呼ばれる植物の変換プロセスは、陸だけでなく海でも起こる。海では微細な浮遊性の植物プランクトンが同じはたらきをして酸素を生成し、大気や水中に放出している。生物学者たちはこれまで、巨大な恐竜が1日にどれくらいの食糧を食べていたのかを突き止めようとしてきた。動物園の飼育係にゾウの食事量を尋ねると、1日に40kgもの植物を食べるという。人間が1日2,500kcal摂取するとして、食事量としては500g未満だ。一方、ゾウは1日に31万5,000kcalものカロリーを摂取している。

ゾウの体重はおよそ5tで、ディプロドクスなどの竜脚類の体重を10tとすると、単純にゾウの2倍の量を食べていたということになる。しかし、計算の結果、ディプロドクスはおそらく現在のゾウと同じくらいか、それよりも少ない30kg程度のシダやトクサ類を食べていたことがわかった。恐竜の食事量が少ないのは、エネルギー効率のよい内温性（54ページ）で、呼吸様式も効率的だった（64ページ）ためと考えられる。

恐竜の生態系ピラミッド

食物（エネルギー）は生態系の中でピラミッド型をなして移動していく。1番下は生産者である植物で、植物食動物の食糧となる。肉食動物は食糧を大量に必要とするため、個体数が最も少ない。

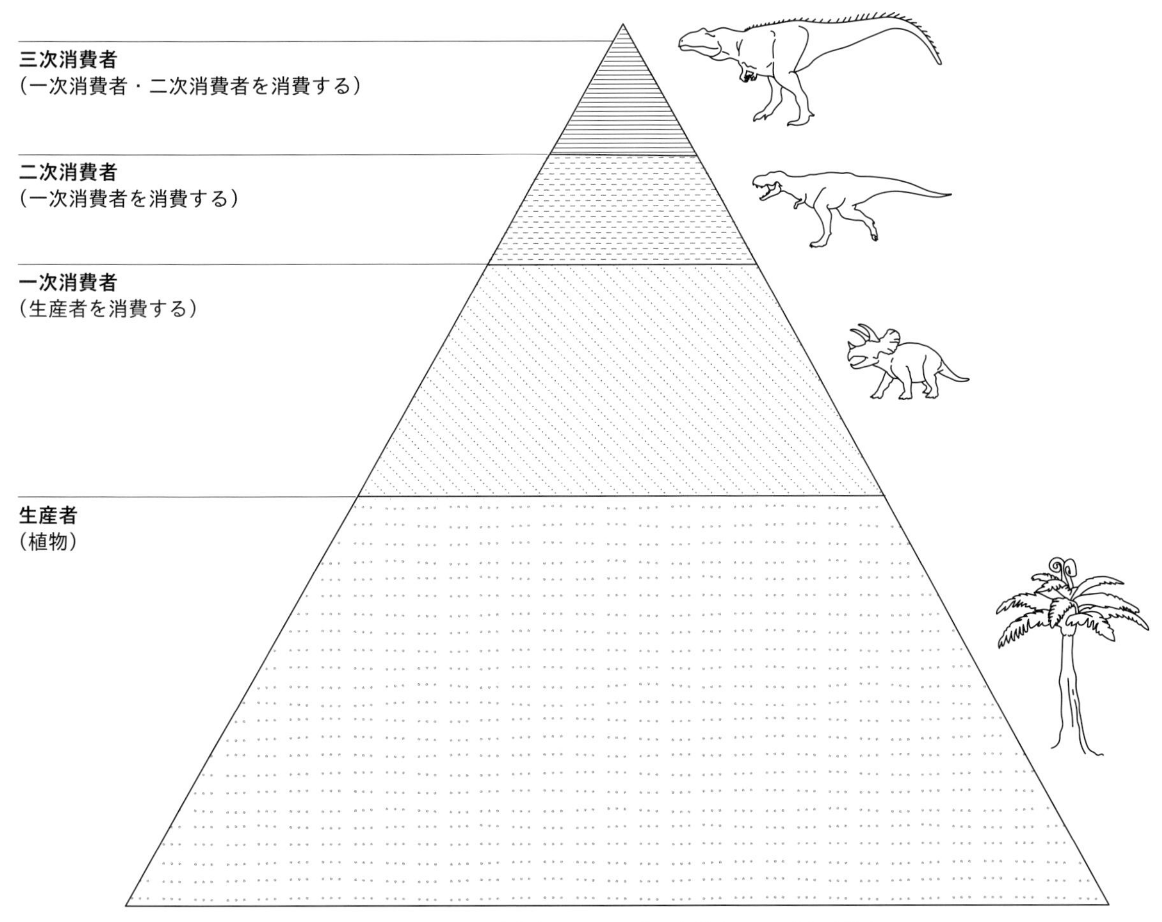

各段階の消費者は下の段階の消費者の90％を消費する

検証

恐竜の食物網を解明する

恐竜の生態系がどのように機能していたかを突き止めるというと、あまりにも非現実的に聞こえるかもしれない。しかし、それこそが古生物学者がやってのけようとしていることだ。私たちは化石の証拠から、同じ時代に生息した種を特定している。モンタナ州のヘルクリーク層の食物網（下）に、ティラノサウルス、パキケファロサウルス、トリケラトプス、アンキロサウルス、そしてダコタラプトルなどの獣脚類が並んでいるのはそういうわけだ。これらの恐竜の化石は、同じ岩石層の近い場所で見つかったこともあり、6700万年前の白亜紀後期に共存していたと考えてまず間違いないだろう。

食物網を作成するときは、まず生産者から消費者に向かう矢印を書く。頂点捕食者のティラノサウルスが、ほかのすべての恐竜を捕食したはずなので、矢印はすべてティラノサウルスに向いている。捕食・被食関係を示す直接的な証拠も残っている。ティラノサウルスの歯型がついたトリケラトプスの骨が複数見つかっているし、噛み砕かれたトリケラトプスなどの植物食恐竜の骨がたっぷり入った、長さ1mのティラノサウルスのコプロライト（糞石）も有名だ。このように、化石が古代の食物網を直接的に証明してくれるのだ！

食物網には、小型の哺乳類、トカゲ、ヌマガメ、魚類、昆虫類を含む生物が含まれていて、ほかにもさまざまな大きさの恐竜がいた。ただし、

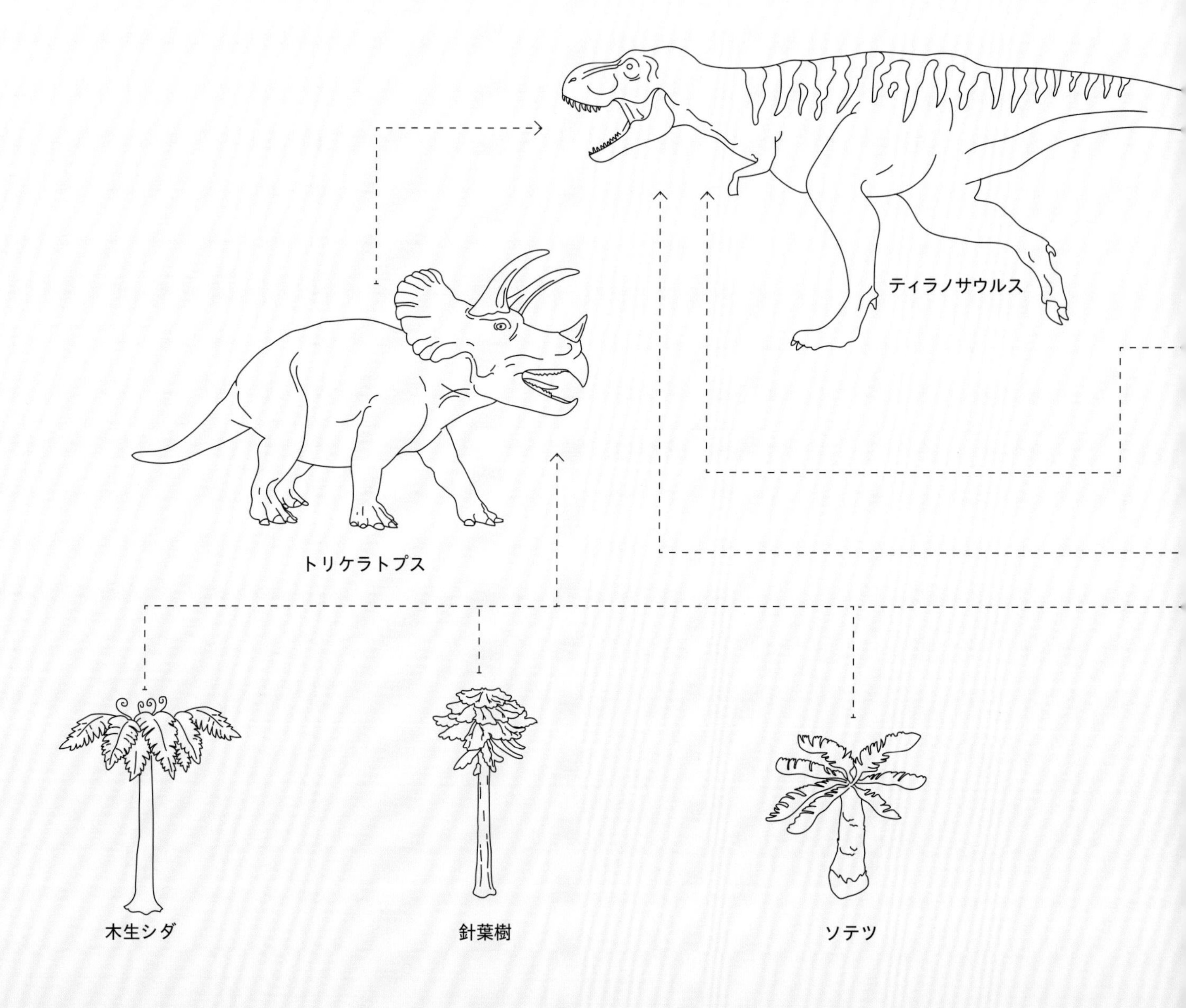

ここでは主要なものだけを選んで例に挙げている。ダコタラプトルは小型生物を食べていたと考えられる。糞石が見つかっていないため確定はできないが、掴むことに長けた爪と、長くて鋭いギザギザの歯を備えていたことから、ダコタラプトルが肉食性だったとするこの仮説は妥当だと考えられる。

生態系ピラミッドの底辺には、ソテツシダ、針葉樹、ソテツ、シダ、被子植物など、ヘルクリーク層で見つかった古代の植物が並ぶ。トリケラトプスとアンキロサウルスは歯の形状から、とくに硬い茎を食べる植物食恐竜だったとされている。エドモントサウルスなどのハドロサウルス科が針葉樹を食べていたことは、胃の内容物の化石を調べて明らかになった*。パキケファロサウルスは小動物や植物など何でも食べる雑食性だった可能性がある。

次ページ
アメリカのモンタナ州ヘルクリーク層の化石に基づいて再現された白亜紀末のある雨の日の風景。水辺では色鮮やかな羽毛をまとったアケロラプトルが、パキケファロサウルスの死骸を食べている。その背後では、かの有名なシーンが繰り広げられている。立派な角を持つケラトプス類のトリケラトプスが、頂点捕食者のティラノサウルスに勇敢に立ち向かおうとしているのだ。

*［訳注］最近の研究で、ケラトプス類、アンキロサウルス類、ハドロサウルス科はエサの種類を変えて棲み分けをしていたこと、そしてハドロサウルス科は被子植物も食べていたことがわかっている。

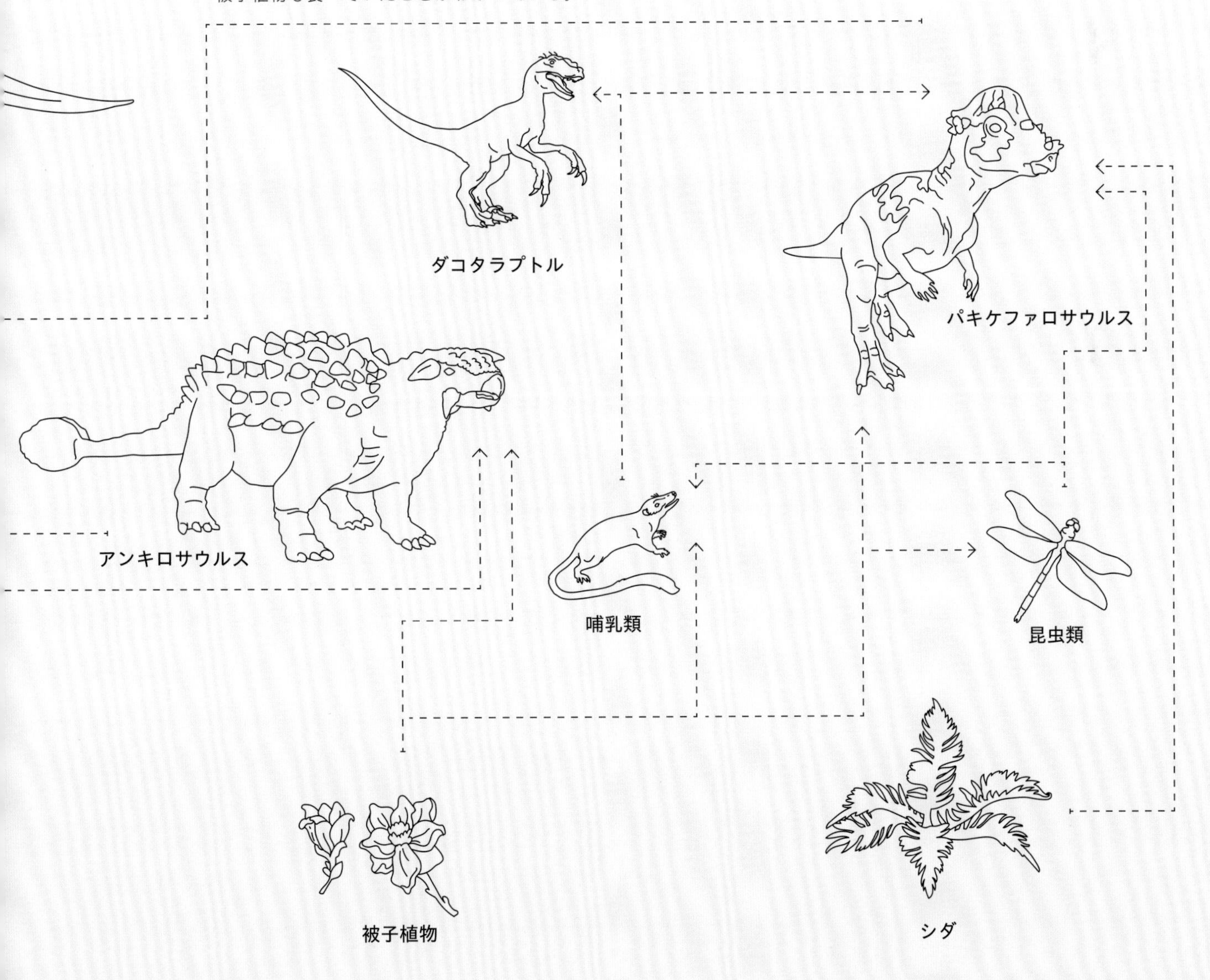

第3章 移動運動

LOCOMOTION

姿勢と歩行様式

恐竜の姿勢は現在の鳥類や哺乳類と同じ直立型で、現在の爬虫類のような這い歩き型ではなかった。そのため、歩幅が大きく、長時間にわたって移動することができた。

すべての爬虫類の祖先はみな這い歩き型で、前肢と後肢が胴体から横へ張り出していた。現在のトカゲも這い歩き型で、走るときは前肢と後肢を体の横でくるくると回し、体を左右にくねらせる。前肢の上方の骨（上腕骨）と後肢の上方の骨（大腿骨）をほぼ水平に前後に動かし、手と足を含む四肢の下方を回転させて前進する。

一方、哺乳類と鳥類の四肢は胴体から真下に伸び、移動の動きも単純だ。膝、足首、肘、手首のほとんどがごくシンプルな蝶番関節となっている。這い歩き型なら、より複雑に回転する関節が必要だ。体が小さい動物にとっては這い歩き型も悪くない。トカゲは危険を察知すると素早く岩の下に入り込める。しかし、大型の動物にとって、這い歩き型は好都合な適応とは言えないのだ。

直立型の姿勢

恐竜、鳥類、哺乳類のように、肢が胴体から真下に伸びている姿勢を直立型という。この姿勢では、胴体の下に真っ直ぐついた肢が正中線（左右対称となる体の中央を通る線。矢状面とも）と平

這い歩き型と直立型の移動運動

這い歩き型は呼吸と歩行が同時にできない。トカゲが歩くたびに一方の肺からもう一方の肺へ空気が押し出される。

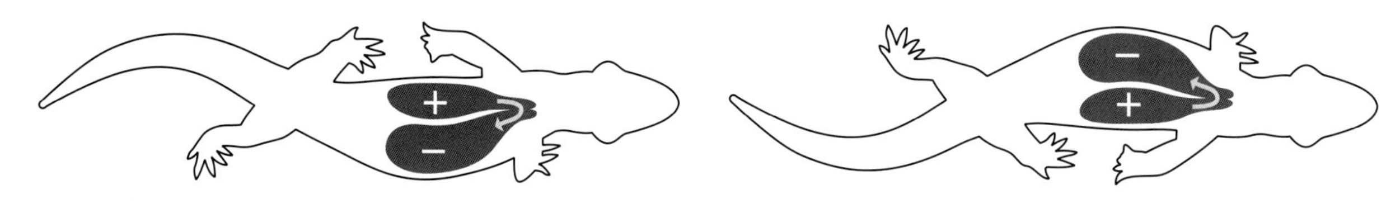

新旧ダチョウを比較
「ダチョウ恐竜」とも言われるオルニトミムス科のストルティオミムス（左）と現在のダチョウ（右）を比べてみれば、行動や走行スピードがよく似ていると推察できるだろう。

行に動く。直立型の姿勢には大きな利点が2つある。1つ目は、肢の下部だけでなく肢全体を使うため、這い歩き型よりも歩幅が大きくなること。2つ目は、移動運動と呼吸が同時にできるため、持久力が格段に高まることだ。這い歩き型の動物は走りながら息をすることができない。移動運動の際は体が横方向に大きく揺れ、左右の肺のあいだを空気が行ったり来たりして呼吸を妨げるのだ。そのため、這い歩き型の動物は20歩から30歩ほど前進すると、一旦立ち止まって呼吸する必要がある。人間、ウマ、鳥は、呼吸をしながら走り続けることができる。

恐竜は進化の最初から直立型で、それが繁栄のカギだったと言えるだろう。第1章でも触れたように（37ページ）、四足歩行に大きな変化が起こったのは三畳紀のことだった。陸棲の中型動物のほとんどが這い歩き型から直立型に移行し、そのおかげで動きが格段に速くなったのだ。

直立型の動物は呼吸と走行が同時にできる。イヌが1歩進むあいだに空気が肺に吸入されて排出される。

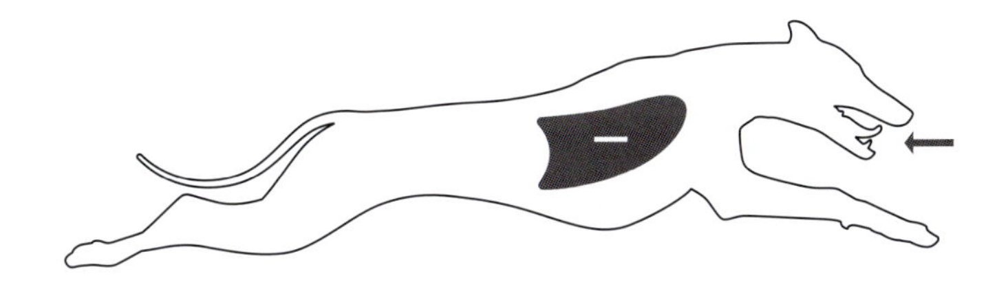

検証 移動運動をモデル化する

保存状態の良好な恐竜の骨格が見つかれば、肢の骨から移動運動についての詳細な情報を集めることができる。古生物学者はまず骨関節を見て、肢の動く方向と可動域を調べる。たとえば人間にも見られる膝関節は特殊な形状で、下肢骨(かしこつ)は関節を支点として前後にだけ動き、左右に動いたり、逆方向に曲がったりすることはない。

骨の情報が得られれば、次は筋肉の再現だ。脊椎動物はすべて肢の筋肉の特徴が共通しているため、近縁な現生動物 ── 鳥類やワニ類 ── と比較すれば、どの部分にどの筋肉がつき、どのように機能していたかを推察できる。肢を後ろへ引く（歩行時の動力行程）はたらきをする筋肉や、肢を前へ出したり、足先を左右に向けたりするための筋肉がある。

化石の骨に筋肉の付着跡が残っていれば、その痕跡から筋肉の大きさと力の強さを知ることができる。広い範囲にわたってつく幅の広い筋肉は、細い筋肉よりも大きな力を発揮したと考えられる。筋肉は複数の繊維を収縮させて引く力を生じさせるため（押す力は生じない）、筋肉の向きや幅からそのはたらきを分析することができる。

と、数年前まではこれが古生物学の限界だった。現在は、ごく一般的なコンピュータで操作できる動的機械(ダイナミックメカニカル)モデリングが開発されている。最近では、ロンドンの王立獣医科大学で初期の肉食恐竜コエロ

運動のシミュレーション
現生種のシギダチョウ（茶色）と絶滅種の獣脚類コエロフィシス（緑）の走行運動。

50cm

50cm

フィシスの移動運動の分析が行われた。研究者たちはまず、完全な骨格の3Dモデルを用いて、5,000通りの肢の配置から運動の最適解を導き出した。

その後、後肢の前後運動に合わせた尾の動きを解析した。二足歩行の場合、1歩進むごとに体重が左右の肢に交互に乗り、それに合わせて体が横揺れする。尾の長い動物は、尾を左右に振って体のバランスを保つが、解析の結果、コエロフィシスの尾の動きが走行の効率性を高めていたことがわかった。人間が歩いたり走ったりするときに腕を振ったり、バレエダンサーやフィギュアスケーターがつま先で回転するときに、腕を振って角運動量を高めたりするのと似ている。後肢を前に出すときに尾を左に振れば、高いエネルギー効率でより安定的に前進することできたようだ。

こうした分析の結果は正しいのか？　正しいと言える理由は2つある。1つ目は、比較モデルとして古顎類に属する現生鳥類のシギダチョウを用いたところ、コエロフィシスの走行の計算値とほぼ一致したこと。2つ目は、機械やロボットや義肢の設計にも使われる高精度の工学ソフトを用いて分析が行われていることだ。

二足歩行か、四足歩行か

最初の恐竜は二足歩行で、腕を使って食べ物を集めたり争ったりしていた。
しかし、三畳紀後期に出現した大型種は四足歩行で巨体を支えていた。

人間が二足歩行なのだから、四足歩行よりも二足歩行のほうが進歩的だと思うかもしれない。実際に初期の爬虫類はすべて這い歩き型の四足歩行だった。しかし、恐竜の祖先は初めから二足歩行で、体サイズもかなり小さく、全長はたった1mほどだった。二足歩行には利点がある。人間にも言えることだが、2本の肢で立つと目の位置が高くなり、遠くまで見渡すことができる。初期の恐竜も同じだが、さらに腕が自由に使えるという点も重要だった。

体重6tの成体のゾウよりも体重が重い個体もいたが、そんな巨体も後肢だけで支えて歩行していた。ティラノサウルスの腕が滑稽なほど短くて、自分の口にさえ届かなかったというのは有名な話だ。その小さな腕にどんな役目があったのか、その真相は今も明らかになっていない。

植物食恐竜では、竜脚類、ステゴサウルス類、鳥脚類、ケラトプス類などのグループが、大型化とともに四足歩行に移行した。腕がずんぐりと太くなり、なかには長く進化したものもいた。

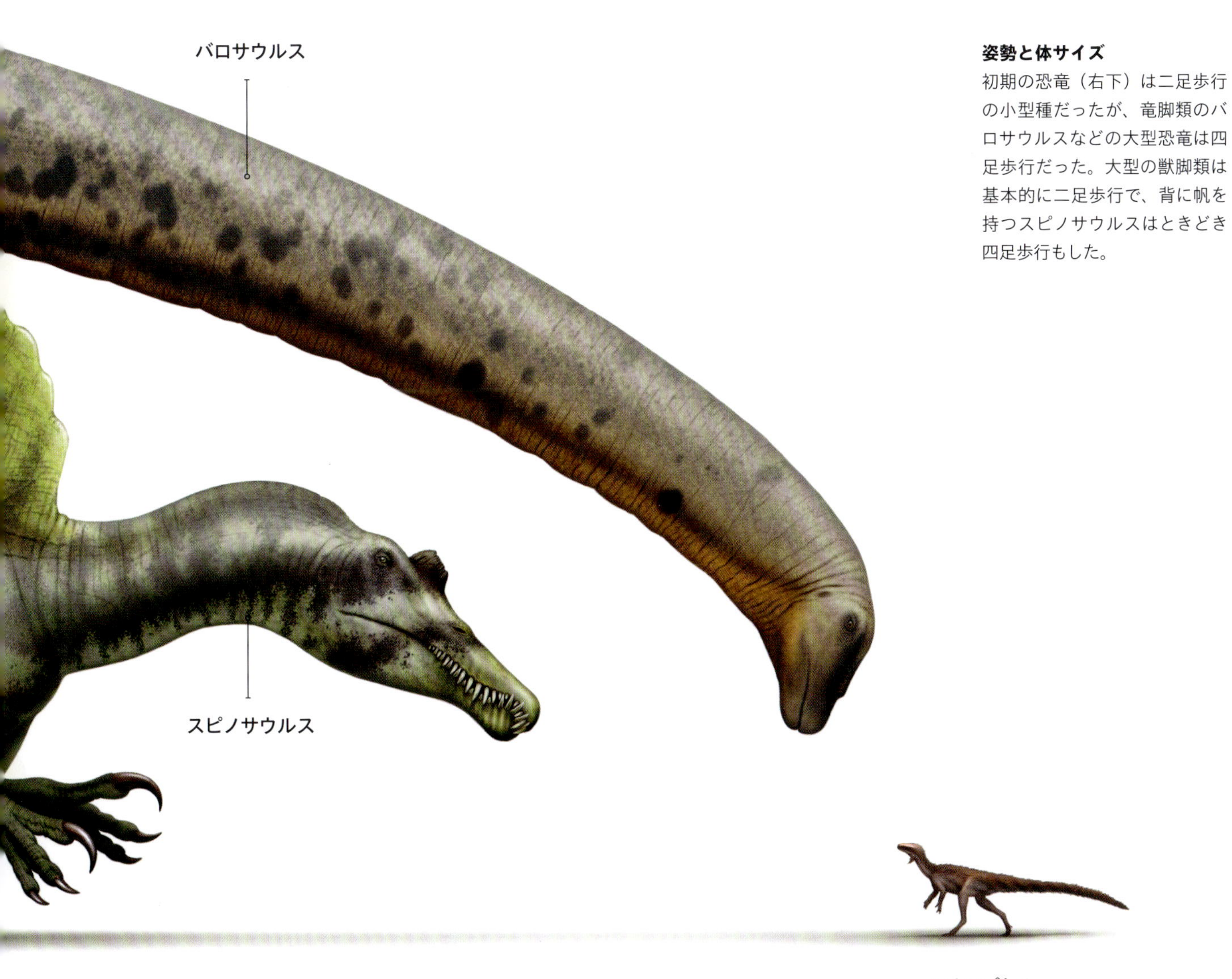

姿勢と体サイズ
初期の恐竜（右下）は二足歩行の小型種だったが、竜脚類のバロサウルスなどの大型恐竜は四足歩行だった。大型の獣脚類は基本的に二足歩行で、背に帆を持つスピノサウルスはときどき四足歩行もした。

足跡と行跡

恐竜の足跡化石には、歩行様式のくわしい情報をはじめ、行動に関するヒントが詰まっている。群れでの移動から捕食者の狩りの方法まで、足跡からさまざまな暮らしの様子が浮かび上がるのだ。

ここは1億年前のオーストラリア、クイーンズランド州。ある日、ニワトリくらいの大きさのコエルロサウルス類が、150頭ほどの群れを作って湖で喉を潤していた。と、そこへ全長6mもあるアウストラロヴェナトルが突進してきた。巨大な捕食者に気づいた数頭がさえずりのような警告音を出すと、それを聞いた仲間たちが慌てて逃げ出した。反対方向へ走り出すもの、群れから外れて走り去るものなど、現場はパニック状態に陥った……。

この場所でそんな出来事があったことがどうしてわかるのだろう。「恐竜の足跡産地」として知られるラーク採石場には、まさにそんなシーンを物語る化石が保存され、観光客も間近でそれを見ることができる。ラーク採石場の白亜紀前期の砂岩層にはおよそ3,300個の恐竜の足跡が残されている。古生物学者たちは、そのうち長さ50cmの足跡を残した1頭の大型恐竜と、その10分の1ほどの大きさの足跡を残した小型恐竜の動きを追って研究を行った。

すると2011年、クイーンズランド大学のアンソニー・ロミロが、従来の説に異議を唱えた。まず巨大な「捕食者」というのが間違いで、じつは植物食恐竜のムッタブラサウルスだったという

足跡が残した手がかり
植物食の大型鳥脚類ムッタブラサウルスが、小型の獣脚類の群れを蹴散らして走っている。このシーンはオーストラリアのラーク採石場で見つかった約3,300個の足跡をもとに再現されたものだ。

上
オーストラリアのラーク採石場ですばらしい恐竜の足跡化石が見つかり、現在はそれを保存するための博物館が建てられている（左上）。館内では約3,300個の恐竜の足跡を間近で見ることができる（右上）。

右
ラーク採石場の大規模な行跡化石に含まれていた小型の肉食恐竜と獣脚類の足跡。3本趾の小さな足跡から、この恐竜が（写真の）右から左へ進んでいたことがわかる。

のだ。大型恐竜がつけた足跡を見ると、3本趾の先が丸く、鋭い爪ではなく蹄状だったことがわかる。そのことから、小型恐竜の群れがそこを走ったのはまったく別の日か、あるいはムッタブラサウルスの動きに驚いて逃げ出した可能性があるという。このように、数千個の足跡から当時の恐竜の行動を知り、また足の裏の皮膚の印象からさらに情報を拾うことができるのだ。

最初に記録された恐竜化石の1つが、アメリカのコネチカット渓谷で見つかった三畳紀後期の足跡化石だった。1800年頃に最初の標本が見つかると、マサチューセッツ州アーモスト大学のエドワード・ヒッチコック教授（1793～1864年）がその研究に生涯を捧げ、1830年代から論文や書籍を発表した。ヒッチコック教授は、その足跡が現生鳥類の多くと同じ3本趾だったことから、大型の鳥類のものだと考えていた。

今では、獣脚類と鳥脚類がともに二足歩行で、同じような3本趾の足跡を残すとわかっている。アンキロサウルス類、ステゴサウルス類、ケラトプス類、竜脚類など、大型の四足歩行恐竜の足跡は丸く、その多くに太くて短い趾の跡がある。

アメリカ中西部の足跡産地では、西部内陸海路沿いに恐竜の大きな群れが北上した跡が見られる。また、ある竜脚類の行跡化石からは、体の大きい成体が群れを作り、その中で小さい幼体を守りながら移動していた可能性が見てとれる。

海路をたどって

第1章で触れたように（16ページ）、白亜紀後期の北アメリカ大陸は、カリブ海からテキサス州、モンタナ州、アルバータ州を通って北極へ流れ込む大陸海（西部内陸海路）で分断されていた。

恐竜はこの海路沿いを北へ南へと移動していた。コロラド大学で恐竜の足跡を専門に研究していたマーティン・ロックリーは、この恐竜の通り道を「恐竜の道（ダイナソー・フリーウェイ）」と名づけた。ロックリーはこれまで大規模な足跡化石を多数調査しているが、そのほとんどがはっきりとした行跡を形成していたという。また、行跡の多くは東西ではなく南北に伸びていた。

ユタ州のモアブに近い発掘現場では、イグアノドンに似た鳥脚類の1,000個を超える足跡と、2種類の獣脚類とアンキロサウルス類の足跡がそれぞれ100個以上、さらにワニやカメ、翼竜の足跡が見つかった。個体の歩行パターンを示す足跡が幾筋にも連なった行跡だ。行跡化石が1,000本あれば、そこには10,000個以上の足跡があるということだ。

ロックリーは、ユタ州からコロラド州まで広がるダコタ砂岩層と呼ばれる地層で、130か所にわたる足跡化石群を特定した。カメやワニなどの小さい生き物と多くの恐竜がこの場所を生活拠点とし、食事をしたり水を飲んだりして歩き回っていたのだ。しかし、ニューメキシコ州で見つかったイグアノドンの行跡など、いくつかの恐竜の足跡は一様に北を向いていた。それらの恐竜はおそらく長距離の大移動の途中だったのだろう。

暖かい夏から涼しい冬へと季節がめぐるように

左

アメリカのアラスカ州にあるデナリ国立公園。ハドロサウルス科が並んで歩いた足跡が数十本の行跡として残っている。大きな群れで西部内陸海路に沿って北へ、あるいは南へ移動したのだろう。

下

大移動の様子。海路沿いを移動するアラモサウルスの小さな群れが足跡を残している。アラモサウルスは現在のゾウやカリブー（北アメリカに生息するトナカイ）のように、食糧を求めて長距離の大移動を行っていた。足跡化石から、成体は幼体を守るために群れの真ん中を歩かせていたことがわかった。

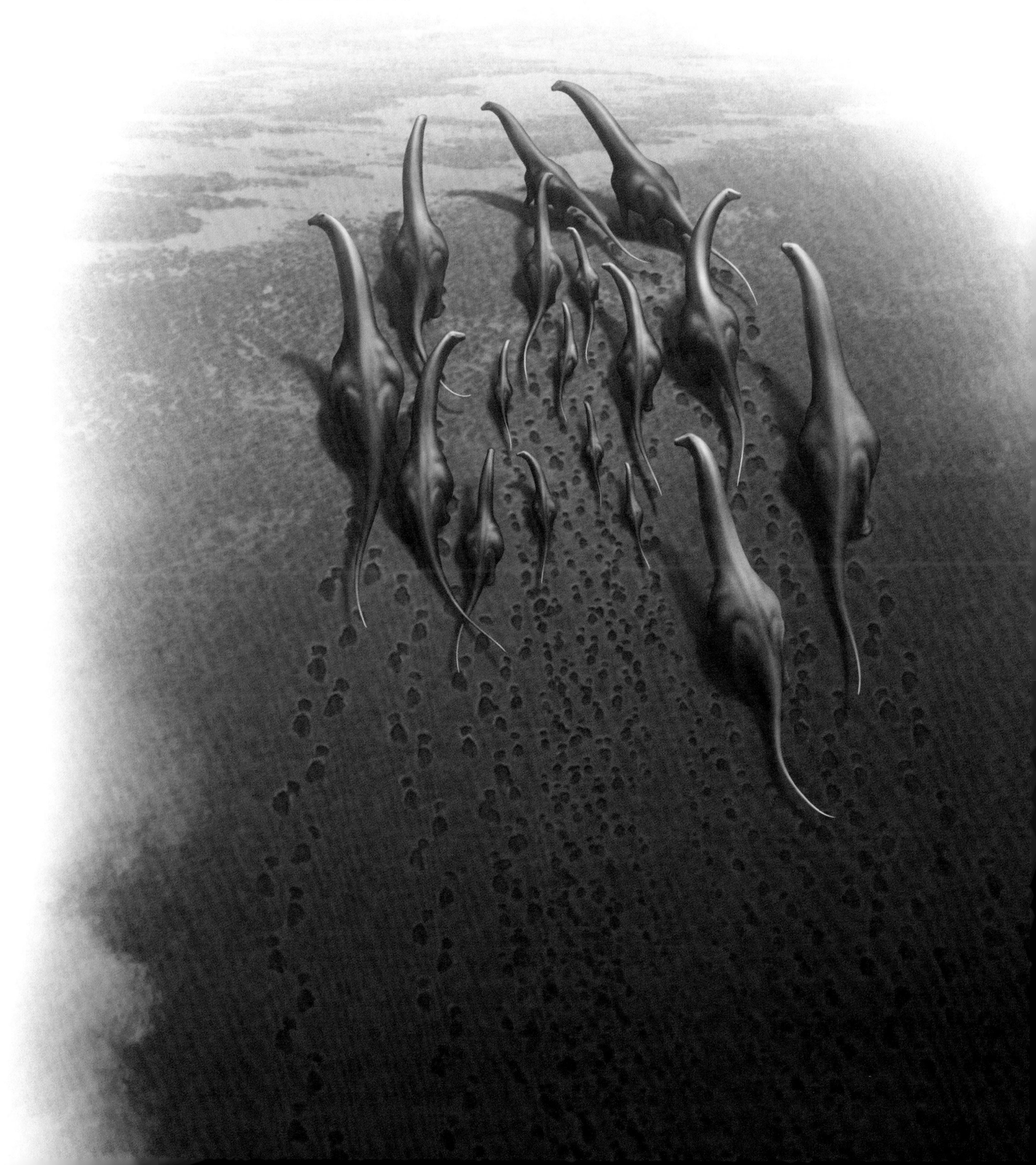

なると、動物たちの食糧となる植物の種類が豊かになった。メキシコからアラスカ州まで広範囲にわたる白亜紀後期の地層では、数種類のよく似た鳥脚類恐竜の足跡が見つかっている。西部内陸海路沿いの低地を7,000kmにわたって群れで移動していたようだ。そんな長距離を単独で歩いた動物はいなかっただろうが、アラスカの鳥脚類は食糧が豊富にある夏だけはそこで過ごし、春と秋には数百kmから数千kmの距離を南下して、現在のアルバータ州やモンタナ州など涼しい土地で過ごしていたようだ*。

お父さん、お母さんと一緒

恐竜の足跡を研究する専門家は、足跡の形からだいたいの恐竜の種類を特定し、その大きさから体サイズを推定する。多くの足跡化石から、恐竜の群れには、赤ちゃんから幼体、成体まで含まれていたことがわかっている。現在のゾウの群れと同じように、恐竜の大群も食糧や水を求めて移動し、その群れに幼体や赤ちゃんがくっついて走っていたのだろう。

親は群れの幼体を守っていたのだろうか。恐竜の親が幼体の世話をしていた証拠はたくさん見つかっているが（176ページ）、足跡から子育ての様子がわかるだろうか。1941年、アメリカ自然史博物館のローランド・セクスター・バードが、テキサス州のダベンポート・ランチで発見した竜脚類の足跡の図面を公開した。バードはそれらの足跡が竜脚類1種のもので、すべてが同じ方角を向いていることに気がついた。さらに、群れの真ん中あたりには赤ちゃんの足跡がいくつか見つかった。

1968年にはロバート・トーマス・バッカーが、恐竜は群れで移動していただけでなく、幼体を群れの真ん中に配置して移動していたか、あるいは、親が子を守るように周りを固めていたとの考えを示した。

しかし、この見方が最初から受け入れられたわけではなかった。行跡がはっきり残り、恐竜の移動運動を詳細に伝えていたとしても、すべての足跡が同じ日につけられたものとはかぎらない。数十頭の恐竜が1週間あるいはそれ以上の時間差で、その場所で同じようなルートをたどった可能性もある。とはいえ、それぞれの行跡のあいだに隙間があるため、時間差でついた行跡とは考えにくかった。恐竜が時間差で同じ場所を通過した場合、あとから来た恐竜の行跡は、先についた恐竜の行跡の上に重なる。すべての行跡が一群による場合、群れの中の恐竜はほぼ整列して歩くため、足跡が重なることはない。

*［訳注］恐竜の大移動については議論が割れている。

消えた足跡を探る

コロラド大学ボルダー校の大学院生だったデブラ・ミケルソンが、ワイオミング州のジュラ紀後期の地層で足跡化石を発見した。そこには、獣脚類の恐竜が歩いて川へ入り、歩行から泳ぎに移行するまでの足どりが残されていた。行跡は浅瀬を踏みしめたときの深い足跡から始まる。川のより深い場所へ進むにつれ、足跡は少しずつ浅くなり、やがて3本趾で川底を蹴った跡に変化していった。その後は、爪で引っ掻いたような細い傷と、つま先をついた跡が続き、最後には足跡が消えた。その地点で恐竜が水に浮いて泳ぎ始めたということだろう。

走行スピードを計算する

恐竜はどのように歩き、走っていたのだろう。生体力学の原理を用いれば、古代の生き物の姿勢や走行について深く知ることができる。

現在の陸上で最も足が速い動物はチーターだ。短距離なら時速112kmのスピードで駆け抜ける。これは動物最速のスピードで、人間最速のスプリンターの3倍の速さにあたる。ゾウの最高速度は時速32kmで、人間のスプリンターと比べてもさほど遅いわけではない。しかし、ゾウがそのスピードで走っていても、その姿はギャロップというよりぎこちない小走り程度にしか見えないだろう。

体の大きさと速度、また、歩幅と速度には何らかの関係がありそうだ。砂浜で走ったり歩いたりして振り返ると、うしろに足跡が残っている。ゆっくり歩けば歩幅が小さく、スピードを上げると歩幅が大きくなり、全力疾走すると歩幅が最も長くなる。

1980年代、イギリスのリーズ大学で生体力学を専門としていたロバート・マクニール・アレクサンダー（1934～2016年）が、歩幅から速度を

陸棲動物のトップスピード

小型の恐竜は大型の恐竜よりも速く走れた。あらゆる証拠から、ティラノサウルスのような大きな恐竜は全力疾走せず、ゆっくり走っていたことがわかっている。

計算する簡単な計算式を見つけられないかと考えた。その計算式が現在のすべての動物で成立すれば、恐竜などの絶滅種にも適用できるはずだ。アレクサンダーはこんな計算式を導き出した。

$$v=0.25g^{-0.25=0.5}d^{1.67}h^{-1.17}$$

vは走行速度（m/s）、gは重力加速度（約$9.8\mathrm{m/s^2}$）、dは歩幅（m）、hは腰の高さ（m）である。

まずはこの計算式が正しいかどうか試す必要があった。そこで、アレクサンダーは家族をともない、できるかぎりの動物を連れて浜辺へ出かけた。アレクサンダー本人、妻、子どもたちが、ゆっくり歩いたり、速足で歩いたり、走ったりして、その速度をストップウォッチで測定した。ペットのイヌやネコ、ウマでも試してみた。すると、計算式はすべての場合に成立した。小さい動物でも大きい動物でも、四足歩行でも二足歩行でも、計算式で正しい速度を求めることができたのだ。それならば、同じ計算式で恐竜の速度も導き出すことができるはずだ。しかし、計算式には、重力以外に腰の高さ（後肢の長さ）と歩幅の値が必要だ。腰の高さは足跡から推定すればよい。歩幅は行跡の1歩分の距離を測ればわかる。

アレクサンダーの計算式は古生物学に新しい風を吹かせた。その計算式をこれまで見つかった足跡化石に適用すれば、長年の議論が決着するのだ。ティラノサウルスが競走馬（時速64km）より速く走れたのか、それとものろのろ移動していたのか、その答えがついにわかるということだ。計算の結果、恐竜の歩行スピードはだいたい人間の歩行から小走りにあたる時速5～15kmの範囲となった。ただし、小型の肉食恐竜がお腹を空かせて獲物を追うときは、時速36～54kmのスピードで走っていたようだ。

では、ティラノサウルスはどうだろう。すべての行跡*を調べたところ、最高速度は時速27kmという結果となった。これはシチメンチョウより速く、ゾウと同じくらい、あるいはバスに乗り遅れまいと走る人間と同じくらいの速さだ。

*［訳注］ただし、ティラノサウルスの行跡が見つかるのはまれである。

検証 恐竜の歩行を解き明かす

恐竜の足跡の調査では、歩いた場所が泥の上か砂の上かといった条件も複雑に絡み合ってくる。乾燥した硬い地面を歩いても足跡はほとんど残らないが、ねっとりと軟らかい堆積物の上なら足が深く沈む。その場合、直接足跡が付けられた層よりももっと下——地表から30cm下層あたりまで——がゆがめられていることもあり、このような下の層に残った足跡はアンダープリントと呼ばれる。

ロードアイランド大学のスティーヴン・ゲイツィーは、恐竜の足跡の下層の構造から、軟らかい泥とアンダープリントとして残された足跡のくぼみの関係を調査した。ゲイツィーと共同研究者は、コネチカット州とグリーンランドの三畳紀層で見つかった類似の足跡の下層をスキャンして復元し、恐竜が歩行する全工程を描き出すことに成功した。そこで、恐竜の足がどのように地表に着き、泥の層へ沈んでいくか解析した。すると、前方へ移動するときに足を引き抜いた場所へ泥が流れ込み、最も長い第3趾の跡だけが足跡として残った。

その後、ゲイツィーらはコンピュータのアニメーションを用いて、前進にともない3本趾の骨がどのように動くかを再現した。片方の足が前方へ出て着地する際、3本の細い趾はめいっぱい広がった状態になる。硬い地面では足が地中へ沈まないが、軟らかい地面では広げた3本趾が地中へ沈む。私たちが泥の上や砂地を走ると疲れるように、恐竜も地中に深く沈んだ足を引き上げるときにかなりのエネルギーを消耗する。そこで、泥の中に足が沈むと趾をすべて閉じ、それからこぶしを握るように丸め、抵抗を最小限に抑えた状態で泥の中

1
足が堆積物に入る
足が軟らかい泥に着地し、つま先が堆積物の中へ侵入する。泥が下方と側方へ押される。

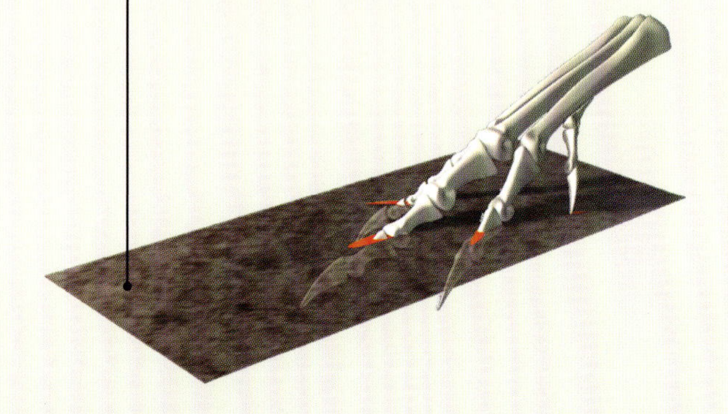

2
足が堆積物に深く沈む
体重を前にかけると、足がさらに深く堆積物の中へ沈み、泥が後ろの空間へ流れる。

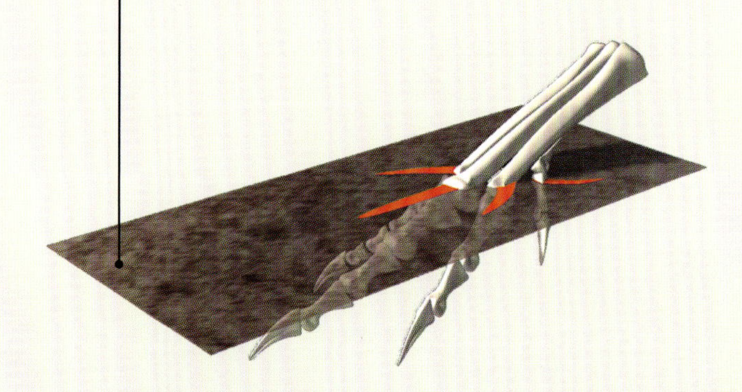

から引き抜いていた。

現在、ゲイツィーらはさまざまなツールを用いて、恐竜が歩行や走行をする際の足の運動構造を解明する運動力学の研究を行っている。行跡化石をX線で調べれば、アンダープリントの形状とその推移を知ることができる。エミューやニワトリなどといった現在の走る鳥を使って実験を行い、さまざまな種類の堆積物で足の動きの変化を確認する。X線カメラでは、鳥の足が堆積物に沈む様子も観察できる。

また、粒子の大きさと水分量が異なるさまざまな堆積物に恐竜の足のワイヤー模型で足跡をつけ、その形状を3次元で正確に記録することもできる。さまざまな条件の地面に恐竜がどのように対応して歩行したかを知るうえで、こうした証拠は大いに役立ってくれるのだ。

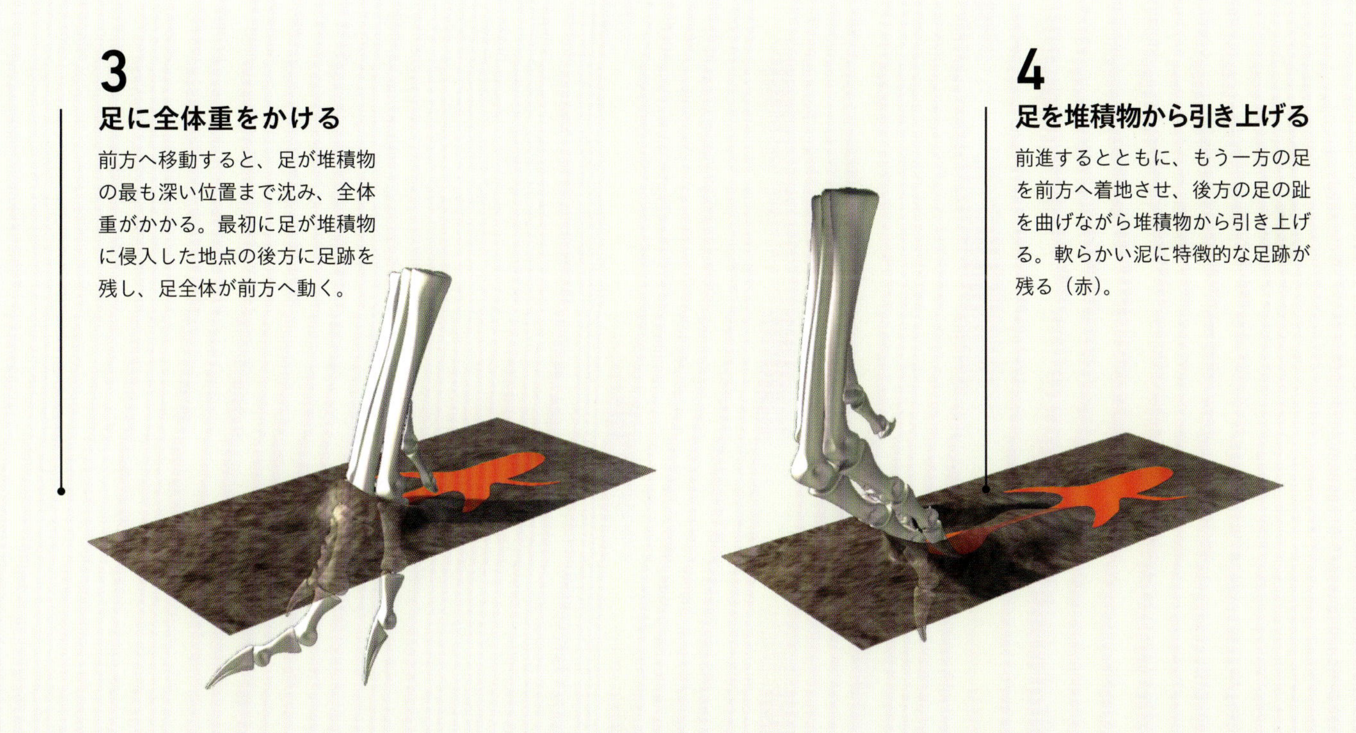

3
足に全体重をかける
前方へ移動すると、足が堆積物の最も深い位置まで沈み、全体重がかかる。最初に足が堆積物に侵入した地点の後方に足跡を残し、足全体が前方へ動く。

4
足を堆積物から引き上げる
前進するとともに、もう一方の足を前方へ着地させ、後方の足の趾を曲げながら堆積物から引き上げる。軟らかい泥に特徴的な足跡が残る（赤）。

巨体を支える

恐竜は巨大生物として知られる。骨格を調べれば、彼らがいかに大きい骨と効率的な代謝を両立させて大型化を遂げたかを知ることができる。

最初期の恐竜は身軽な二足歩行の捕食者で、数種のみがやっと全長1mを超える程度だった。じつは恐竜のはじまりは二足歩行で（81ページ）、のちに大型化にともない四足歩行の種が現れた。ティラノサウルスやスピノサウルスなどの獣脚類は、体重5t以上もある巨大種だったが、四足歩行をしていた時期はなく、ずっと二足歩行のままだった*。

しかし、巨大恐竜の代表と言えばやはり竜脚類だろう。竜脚類もほかの恐竜と同じように二足歩行の小型種からスタートし、プラテオサウルスのような三畳紀後期の種がまたたくまに大型化した。三畳紀後期には最初から四足歩行の竜脚類も現れ、ジュラ紀に多様性を高めていった。そのうちの何種かはジュラ紀後期に巨大化している。

北アメリカのモリソン層とタンザニアのテンダグル化石産地では、とても背の高い竜脚類が何種か見つかっている。アパトサウルス、ブラキオサウルス、ブロントサウルス、カマラサウルス、ディプロドクスなどは超重量級で、ディプロドクスは全長24m、ブラキオサウルスとギラッファティタンは全長23mで、頭の位置は地上12mにもなった。竜脚類の体重はだいたい10～100tだったと推定されている。

たとえばブラキオサウルスの骨格には巨大化への適応が見られる。とくに四肢は柱のような形状で、胴体から真下に真っ直ぐ伸び、体重を支えるのに最も適したゾウの肢のようなつくりになっていた。四肢の先（手と足）はかなり短く単純化し、地面と接する面は厚いパッド状の組織に守られていた。ほかの恐竜の足が細長く進化するなか、これらの竜脚類は趾（指）が短く、足首（手首）の骨が退化し、足の幅は肢の太さとほぼ同一になった。ほとんどの竜脚類は、第1指と第1趾、第2趾に土などを掘るための長い爪を備えていたが、その他の趾（指）には爪がなく、その代わりに小さい蹄が発達していた。この蹄はおそらく歩行時に足を保護するためのものだろう。脊椎骨（せきついこつ）はとても大きく、前肢と後肢をつなぐ橋のような構造になっていた。前章でも説明したように（65ページ）、竜脚類の椎骨と肋骨頭（ろっこつとう）には含気化が見られ、鳥類のような呼吸システムの実現はもちろん、空洞のない場合と比べて椎骨の重さがほぼ半分に軽量化されていた。

＊［訳注］最近の研究で、スピノサウルスは四足歩行の可能性が指摘されている。

竜脚類の体重を推定する

超巨大生物だった竜脚類の体重はどれくらいだったのだろう。竜脚類の体重の推定は、これまで古生物学者も議論を重ねてきた難しい問題だ。まずは全長を調べ、現在のゾウやワニと比較して体重を割り出せばよいのだろうか。

アメリカ自然史博物館のネッド・コルバート（1905～2001年）は、体積と質量が相関するというアルキメデスの原理が使えるのではないかとひらめいた。古代ギリシアの哲学者アルキメデスは入浴中に、自分の体積と体重が相対することに気がついた。お湯をいっぱいに張った浴槽に体を沈めれば、体積分のお湯が浴槽からあふれ出す。その原理に気づいたアルキメデスは素っ裸で外へ飛び出し、「わかったぞ！（エウレーカ）」と叫びながら町を駆け抜けたという。

そこでコルバートは、プラスチック製の恐竜模型を製作し、水1Lが入った容器に模型を入れて体積を測定した。水1Lの質量は1kgに相当する

竜脚類の骨格

ブラキオサウルス、ブロントサウルス、カマラサウルス（左から右）の骨格と、キリンと人間の骨格（右）の比較。竜脚類の頸椎がとても多く、四肢の骨が柱状であることがわかる。

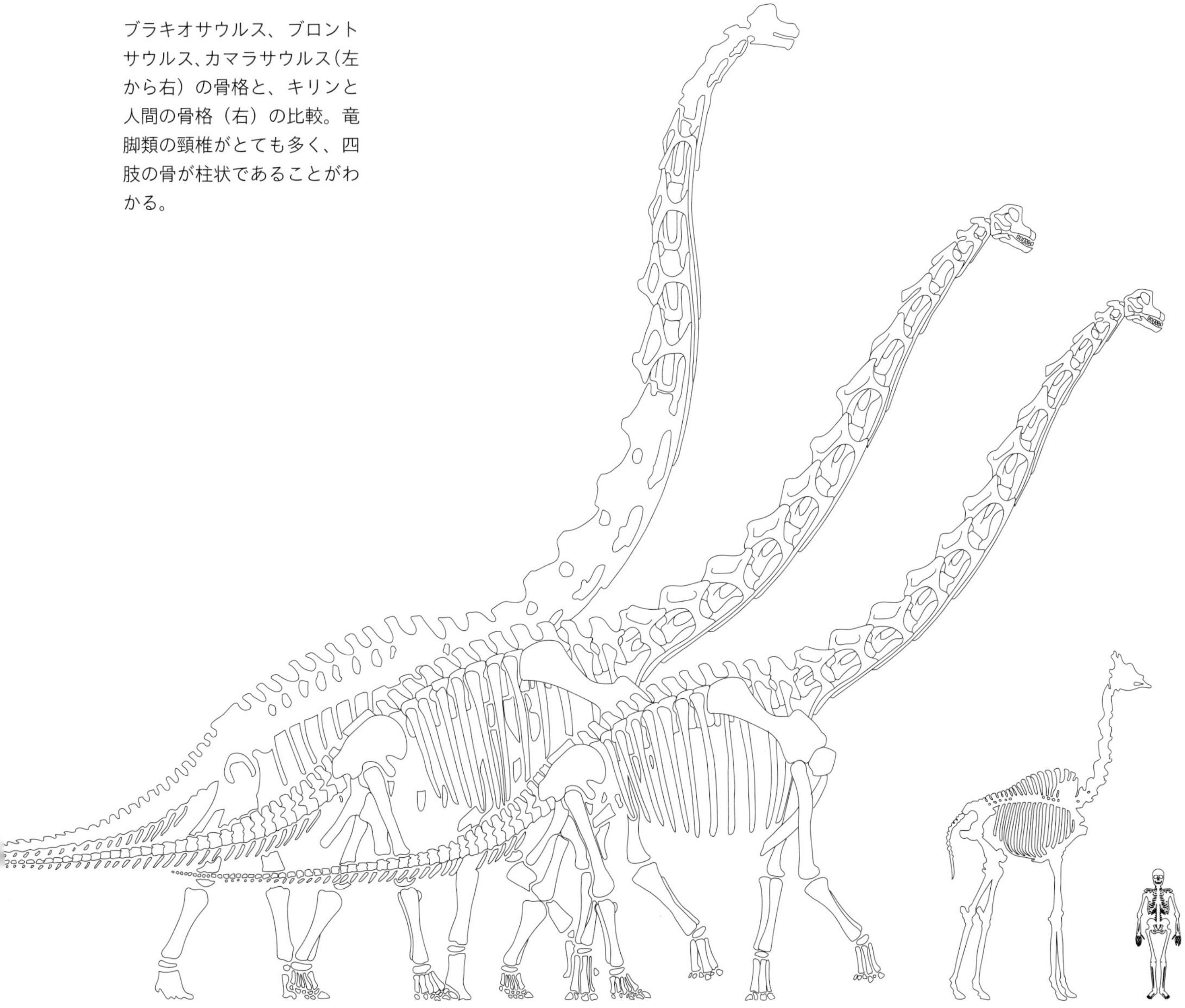

ことから、コルバートは模型の重さを換算し、実際の体重を算出した（恐竜の肉が水と同じ密度と仮定）。

コルバートは、アロサウルスの体重が2t、ティラノサウルスは7t、ディプロドクスは12t、ブロントサウルスは30～35 t、ブラキオサウルスが85tと算出した。1962年にコルバートがこの推定値を発表してからも、体重の推定は何度も行われてきた。恐竜の体重をめぐっては、恐竜が太っていたか痩せていたかという問題もある。太った状態では、肋骨が浮き上がるほど痩せ細った状態の2倍ほどの体重になっていたはずだ。また、コルバートの考えに反して、体重は全身に肉として均等に分布しているわけではなかった――口の中と肺には大きな空間があり、腰を含む数か所には密度の高い骨がたくさん集中していた。コルバートの推察の大部分は理に適っていたが、ブラキオサウルスの体重が85tというのはやや重すぎるようだ。現在、ブラキオサウルスの体重は28～58tと推定されている。

やがて古生物学者たちは、プラスチック模型を水の中に入れる代わりに、プロキシを用いて正確な体重を算出できるのではないかと考えるようになった。プロキシとは「代役」という意味で、たとえば前肢と後肢の主要な骨である上腕骨と大腿骨をプロキシとして、その大きさから体重を算出するという方法だ。生きているときに巨体を支えていたのがそれらの骨だったのだから、上腕骨頭と大腿骨頭の周囲長は体重と比例するはずだ。この測定方法を生きた哺乳類と爬虫類で試してみたところ、骨の周囲長と体重とのあいだに相関関係が認められた。つまり、恐竜でもこの測定法で体重を算出できるということだ。作成されたグラフでは、竜脚類の骨の周囲長は約10～200cmで、体重は1～100tとなっている。

竜脚類が勢ぞろい！
ジュラ紀と白亜紀に世界各地で生息していた竜脚類を並べてみると、大きさや体形がさまざまだったことがわかる。竜脚類の名前の下に鼻先から尾の先までの長さを示した。

巨体を持つということ

50tという巨体を持つ竜脚類はどのような生活を送っていたのだろう。現在のゾウは1日のほとんどを食糧探しに費やし、食糧を求めて何百kmも歩き続けることもある。ドイツの古生物学者であるマルティン・サンダーらの研究によると、竜脚類が生き延びられたのは、長い首と小さな頭、鳥類のような呼吸様式、高い基礎代謝率と産卵など、エネルギー節約のたまものだったという。その戦略の1つ1つに注目して見てみよう。

首の長い竜脚類は、その場にとどまったまま首と頭を上下、左右に動かして広い範囲の植物を食べることができた。4本の肢で何時間もその場に

スーパーサウルス
（50m）

マメンチサウルス
（35m）

アルゼンチノサウルス
（36m）

マラアプニサウルス
（35m）

立ったまま食事ができたのだから、エネルギーは大幅に節約できただろう。

小さい頭は長い首に適応したものだ。長い首では大きな頭を支えきれないからだ。竜脚類は食べ物をそのまま飲み込んだ。歯で茎と葉を嚙み切って、咀嚼せずに飲み下していたのだ。竜脚類の大きな胸郭には大きな内臓が収まっていた。1日中食べ物を消化し続け、半液体の便をどっさり出していたのだろう。あるいは現在のワニや鳥類のように、水分を節約した固形便だったかもしれない。

恐竜が鳥類のような呼吸をしていたことは前章で説明したが（64ページ）、その呼吸様式もまた竜脚類にとっては大切な戦略だった。

竜脚類は代謝率が高い内温性だった（54ページ）。それは骨組織学（57ページ）と成長曲線（188ページ）からも明らかで、多くの竜脚類が年間0.5〜2tも体重が増え、15〜20歳で成体の大きさまで成長したと考えられる。この驚異的な成長スピードは代謝率の高さによるもので、酸素と食糧の消費も高効率だったことがうかがえる。

注目すべき最後の戦略は産卵だ。竜脚類の卵は体の大きさのわりに小さく、アメフトのボールと同じくらいの大きさだった。親の全長は15〜40mもあったが、孵化した幼体の全長は50cmくらいだったようだ。母親は土を集めて巣を作り、1度に10個程度の卵を産んで上から土をかぶせていたと考えられる*。哺乳類が子育てに多くの時間と労力を費やすのに対し、竜脚類の親は子の世話をほとんどしないか、まったくしなかったようだ（176ページ）。小さい卵を産み、子育てを放棄することが、母親のエネルギー節約と危険回避のための戦略だったのだ。竜脚類の赤ちゃんは捕食者に襲われる危険があるが、親が年間10〜20個の卵を産み、そのうちの1〜2頭が生き延びてくれれば、繁殖活動は成功だと言えるだろう。

竜脚類とその他の巨大な恐竜たちは、これら5つの戦略によって大型化と進化を遂げたというわけだ。哺乳類がいつも進化の頂点に君臨しているとは言えないのだ！

＊［訳注］実際には最大で30個程度の卵が1つの巣から確認されている。

検証 巨大化のための戦略を知る

このチャートは竜脚類の巨大化のカギとなった特性をまとめたものだ。主要な特性としては、慣性恒温性（体が大きいため安定した高い体温を保つことができる性質）と最小限の子育て（育児の放棄）が挙げられる。体が大きいおかげで、ごく栄養価の低い植物を咀嚼せず、また胃石も用いずに消化してエネルギー源とし、またその場に立ったまま首だけを動かして食糧を集め、エネルギーを節約することができた。竜脚類は恒温性のおかげで成長スピードが速く、20～30歳で性成熟を迎えた。

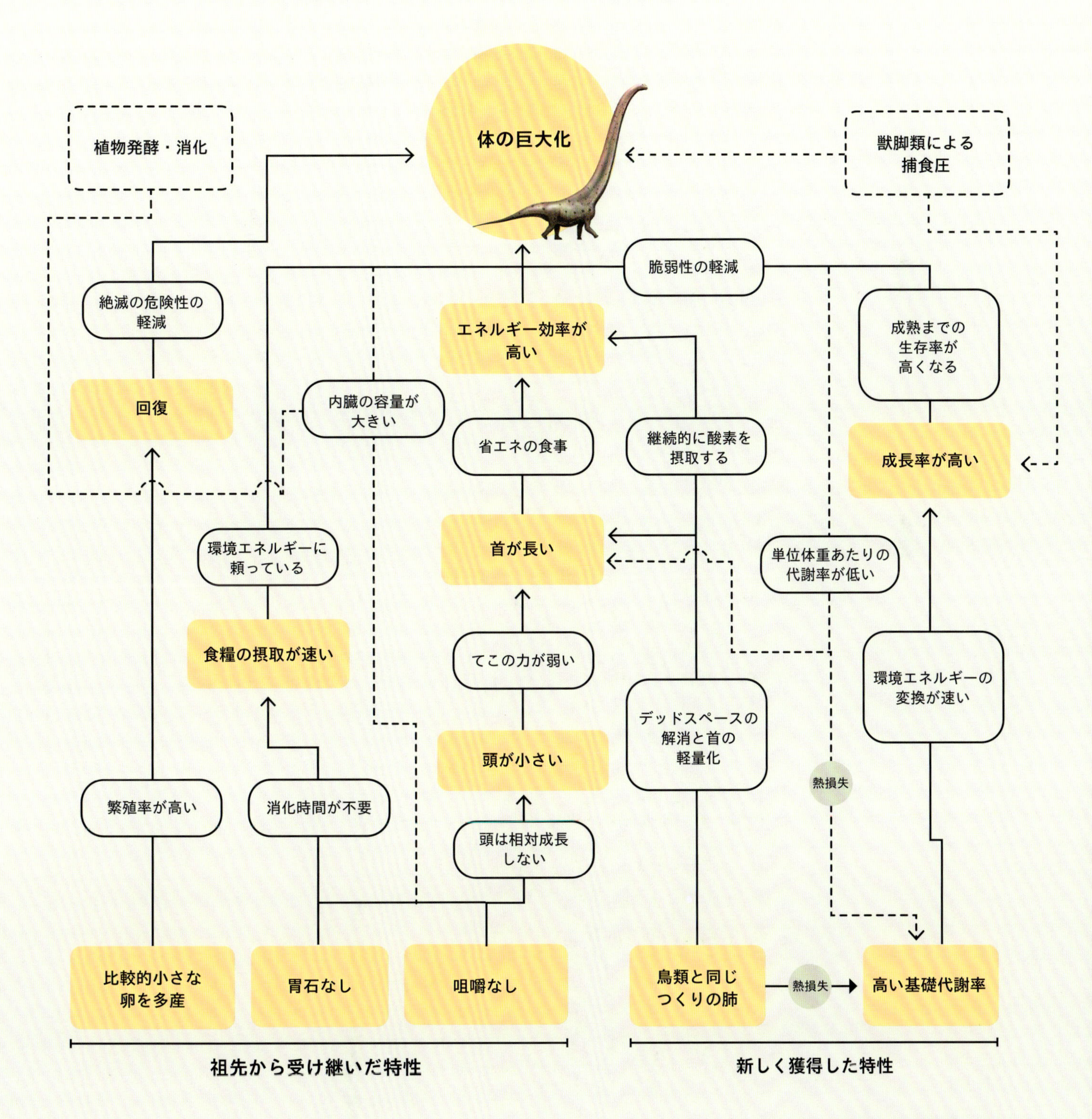

飛翔の起源

かつては鳥、コウモリ、昆虫だけが飛翔できると考えられていた。しかし、新たな研究の結果、飛翔は恐竜が数度にわたって発達させた能力だったことが明らかになった。

鳥類は恐竜から進化し、飛翔の起源は鳥類の誕生と同時期にある――この説の真偽やいかに？　この説はじつは誤りだ。2020年、北京の裴睿(ペイ・ルイ)らの研究チームが、飛翔は異なる数種の恐竜グループが5度にわたり発達させたものだと発表した。ジュラ紀と白亜紀の羽毛を持つ小型恐竜をくまなく調べたところ、予想を超える数のグループが、滑空ではなく動力飛行をしていたという結論に達したという。

ここで言葉の意味を確認しておくべきだろう。生物学者が「飛翔」というと、鳥や滑空する爬虫類、さらには浮遊するスズカケノキの種子まで、あらゆる飛行運動を指す。一般には「飛翔」というと「動力飛行」のことで、大きな翼と特殊な飛行筋を持った動物が、翼を上下に動かして長時間にわたり空中にとどまることをいう。

現在、多くの滑空するトカゲやヘビや哺乳類が存在しているが、それらはみな飛膜を広げて木々のあいだを飛ぶ動物だ。捕食者であれ被食者であれ、滑空はすばらしい進化と言える。跳躍から移動距離を伸ばすことにより、襲いかかる捕食者から逃げたり、目の前を横切る昆虫に飛びついたりできるようになったのだ。ジュラ紀にいくつかの獣脚類グループが食糧となる昆虫を求めて森林にテリトリーを戻したのは、このような進化が起こったからだと考えられる。

鳥類の進化では、鳥類に最も近い近鳥類(きんちょうるい)獣脚類が、さまざまな飛翔様式を発達させた。力強い手と腕を持ち、現在の鳥類のように正羽が生えていたことがわかっている（58ページ）。恐竜模型を使った過去の実験では、ミクロラプトルが（多少は）飛翔していたことが明らかになった（42ページ）。

2020年の調査では、裴の研究チームが近鳥類すべてについて、翼面荷重（単位面積あたりの重量）という空気力学の標準比を用いて試験を行った。しきい値は1cm^{2}あたり10gで、それを超えると翼が体重を支えきれず空中でとどまれなくなり、それ以下の値だと飛翔できる。この試験だけではイー・チー、ミクロラプトル、ラホナヴィス、アンキオルニス、アーケオプテリクスの飛翔能力を証明することはできないが、それらの翼の大きさを考えれば飛翔できた可能性は高い。飛びもしないのに、そんな大きな翼を発達させる必要はないだろう。

しかし、それらの化石の翼面荷重推定値は正し

最古の鳥
アーケオプテリクスが地上へ降り立とうと翼を広げている。恐竜であり鳥類であるこの生物は現生鳥類とほぼ同じくらいの飛翔能力を持っていたかもしれないが、着陸するときはかなり危なっかしかった。失速しながら降り立つので、地面に激突しかねなかったのだ。後肢を前方に伸ばして翼をいっぱいに広げ、バランスをとりつつ着地していたようだ。

いのだろうか。多くの場合は翼の骨や飛膜、羽毛が良好な状態で保存されていて、翼開長を測定することができるので、正しい翼面積を知ることができる。体重は推定値だが、裴らは推定値の領域から化石種と原生動物を比較する際には細心の注意を払った。たとえばアーケオプテリクスは現在のワタリガラスと同じくらいの大きさなので、ワタリガラスの体重を推定体重として採用したという。

飛翔の原理

鳥と飛行機は同じ原理で飛翔している。翼は前縁が厚くて後縁が薄い「翼型」と呼ばれる特殊な翼断面を持つ。鳥が前進して飛翔するときには4つの力がかかっている。下向きにかかる力は重力で、これは揚力で相殺される。前方へ進む力は推力だ。推力にはあらゆる抗力がかかり、前進するスピードが抑制される。鳥と飛行機は飛翔の効率を高め、最小限の筋エネルギーまたは燃料で前進できるよう、抗力を最小限に抑えて推力を最大化できるような姿かたちになっている。また、重力と揚力のバランスが均等でなければ、空から地上へ落ちて

空飛ぶ恐竜
4つの翼を持つミクロラプトル（左）とラホナヴィス（右）は鳥類にそっくりだったが、どちらも鳥ではなかった*。しかし、飛翔できたことは明らかだ。

しまう！

翼型の秘密は揚力で、鳥の場合は推力も発生させることができる。飛行機の翼は固定されているため、推力はエンジンに頼っている。鳥や飛行機が前進するとき、空気が翼の上下を後方へ流れる。翼の上の気流は下の気流よりも速くて長く、翼にかかる圧力を軽減させる。翼（と鳥または飛行機本体）は圧力の低い方へ引っ張られて浮上する。十分な圧力差を維持することで飛翔を続けることができるのだ。

人類はこれまでに羽ばたき機の製作を試みてきたが、成功することはごくまれで、乗り込んだパイロットが死亡するいたましい事故も頻発した。鳥類は1枚の翼で揚力と推力を同時に発生させられる。鳥類には翼を上下運動させる強力な筋肉が備わっている。翼を下方へ動かすのが大胸筋だ。翼を後方下へ動かすと、体が浮上して前方へ進む。翼が上から下へ動くとき、鳥は最大の推力を得ようと翼をできるだけ広げる。次に翼の一部を内側へ畳み、再び前方上へ持ち上げて後方下へ振り下ろす運動に備える。

鳥類はそれぞれの暮らしに適応したさまざまな形の翼を持つようになった。大型の海鳥が持つ長くて細い翼は、羽ばたきせずに気流に乗って空高く上昇し、何日も海の上を飛び続けるのに適している。一方、フクロウなど森林で暮らす鳥は幅の広い短い翼を持ち、木々のあいだを素早く飛び回る。ハチドリなどの小鳥は、小さい翼を高速で動かして植物の周りを飛び、くちばしを花の中に入れて蜜を吸う。飛翔する恐竜と初期の鳥類には、こうした微妙な適応が見られなかったと考えられる。

＊［訳注］ラホヴィナスを鳥類（鳥群）とする見方もある。

ミクロラプトルは飛翔したか

羽毛を持つ恐竜の中で人々に最も衝撃を与えたのは、ドロマエオサウルス科のデイノニクスに近縁なミクロラプトルだった。2000年に発見されたとき、4つの翼を持つその姿に古生物学者たちは目を丸くした。4枚の翼は美しい風切羽ですっかり覆われていたのだ。しかし、この羽毛はミクロラプトルが飛翔できた証拠だと考えてよいのだろうか。古生物学者の中には、ミクロラプトルが4枚の翼を凧のように一面に広げて飛翔したという者や、後方の翼を低く下げ、第1次世界大戦の複葉機のように飛翔していたと考える者もいた。

初期の実験は不確かなものだった。イギリスのサウサンプトン大学のコリン・パーマーは、工学の知識を活かしてミクロラプトルの飛翔試験を計画した。実物大の発泡模型の翼に現生鳥類の羽根をしっかりと固定し、風速、気流、体勢の調節が可能な風洞の中に設置して、後肢の翼をだらりと下げたり横に広げたりして実験を行った。その結果、後肢の翼を横へ広げて飛び立ち、後肢をだらりと下げて滑空を始めるというのが、ミクロラプトルにとって最適な飛翔方法だったと推察された。

実験が行われた2013年の時点で、パーマーの研究チームはミクロラプトルが動力飛行ではなく滑空していたと考えていた。ミクロラプトルが梢を飛び回っていたのなら、木々のあいだを長距離滑空できればいいわけで、動力飛行は必要なかったはずだ。ほかの小型の獣脚類と同じく、ミクロラプトルも人間のように両眼視で立体視ができたと考えられた。つまり、距離を正確に把握して、安全に木に降り立てたということだ。

2020年に裴らが行った分析では、ミクロラプ

翼の力
近鳥類のアンキオルニス（左）とスカンソリオプテリクス科のイー・チー（右）。イー・チーは左右の腕と支柱のような骨でコウモリのような膜状の翼を支えていた。鳥類は動力飛行を可能にするさまざまな形状と大きさの翼を発達させた。

トルが動力飛行をしていたことが明らかになった。エネルギーの節約のために滑空を選択することが多かったが、進行方向を調節したり、飛翔を延長したりするときは、翼を小さく羽ばたかせていたようだ。

アーケオプテリクスは飛翔したか

この問いに対する答えは明白だ。アーケオプテリクスはもちろん飛ぶことができた*。翼と羽毛を持つ鳥類の1つだったのだから、飛翔ができて当然だろう。しかし、1861年に最初の標本が見つかってからというもの、科学者たちは絶えず議論を続けてきた。当時は羽毛を持つ近鳥類の化石が今ほど多く見つかっておらず、科学者の中には羽毛と翼が先で、飛翔能力は後から発達したと考える者もいた。また、アーケオプテリクスの胸骨の位置がかなり低い点に着目する科学者もいた。

現在の飛ぶ鳥は胸骨が低い位置にあり、そこにおもな飛行筋が付着している。おもな飛行筋とは翼を下ろすための強力な胸筋と、翼を上げるための烏口上筋だ。チキンや七面鳥を切り分けたことのある人なら、胸骨（叉骨）とその2つの筋肉を見たことがあるだろう。胸肉の大部分は胸筋で、側方に小さい烏口上筋がついている。

アーケオプテリクスは中型の鳥で、全長がおよそ30cm、立ったときの背の高さがおよそ25cmだったと考えられている。頭骨の形状はどちらかというと恐竜に近く、小さな歯がくちばしではなく顎に並んでいた。目はすでに大きく発達してお

＊［訳注］議論は続いている。

鳥のような骨格

ハトの骨格（右）と捕食者だった小型恐竜（左）の骨格はずいぶん違って見えるが、アーケオプテリクスはまさにその中間だった。恐竜のような歯と大きな手、小さな骨盤の骨と長い骨の尾を残している。初期の鳥とされるアーケオプテリクスと比べると、現在のハトは着陸に耐えられるよう腰帯が一体化して体が強化され、骨の尾は短くなり、歯がなくなって骨のくちばしが形成され、手は退化して短い指を3本残すのみとなっている。現在の鳥の多くが手を使って木に登ったり物を摑んだりできなくなっている。

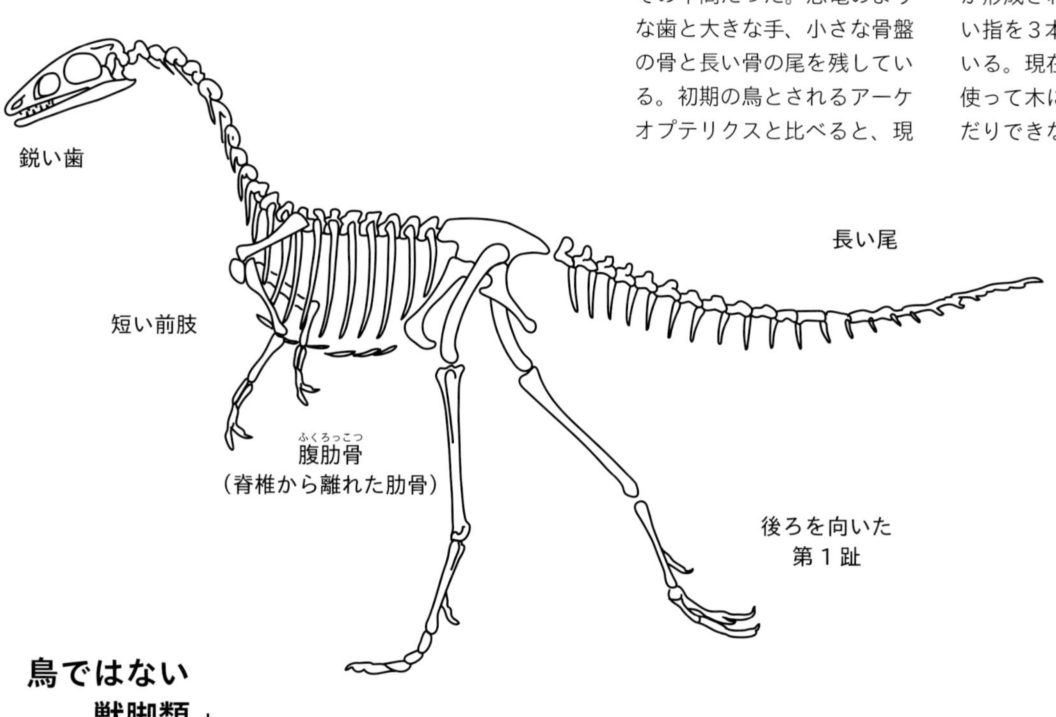

り、視力がよかったと考えられる。強力な翼には、現生鳥類の多くに見られるような初列風切羽12枚と次列風切羽12枚が生えていたが、恐竜のような爪のある強力な3本の指も備わっていた。恥骨と後肢も鳥類よりも恐竜に近い構造で、鳥類に見られるような骨の癒合も、着陸に備えた後肢の強化も見られなかった。

アーケオプテリクスは大きな胸骨を持たず、同じサイズの現生鳥類よりも飛行筋が小さかったと考えられる。また、骨でできた長い尾と、獣脚類のような恥骨と歯を残していた。現生鳥類の特徴をすべて獲得していたわけではなかったのだ。

アーケオプテリクスや、羽毛を持ち飛翔する近鳥類の多くが暮らしていたジュラ紀後期と白亜紀前期の森には、昆虫、クモ、その他の虫たちも生息していたと考えられている。小型の恐竜や鳥類は、木の枝に乗ったり、跳躍したり滑空したり、あるいは羽ばたいて木から木へ飛び移ったりして、獲物を捕まえて食べていたのかもしれない。

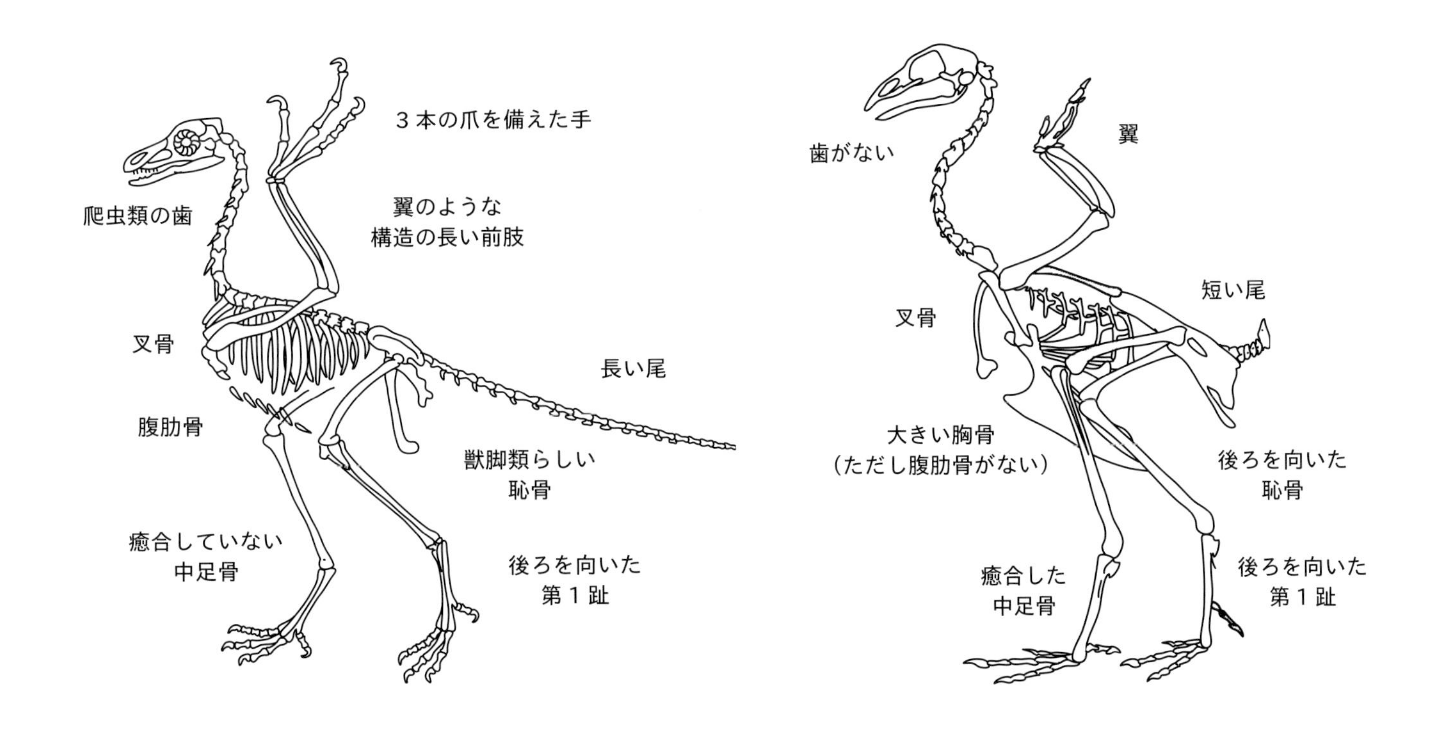

アーケオプテリクス → 鳥類

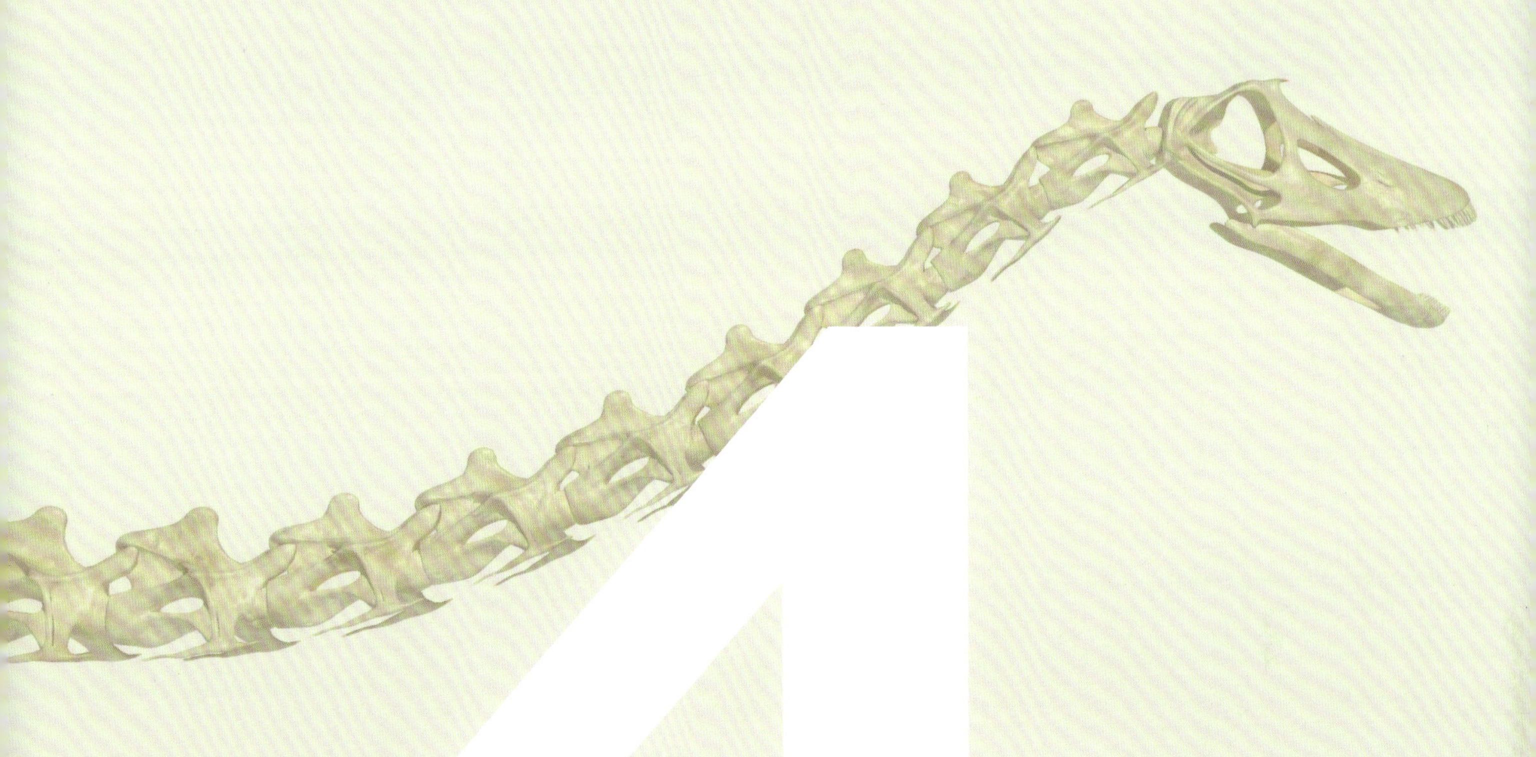

第4章
感覚と知能
SENSES AND INTELLIGENCE

恐竜の脳

恐竜にはあまり頭脳明晰のイメージがないだろう。実際、恐竜の脳は爬虫類の脳のようにとても小さく、感覚にはすぐれていたものの、思考には向いていなかったようだ。

恐竜の脳は頭骨いっぱいに詰まっていたわけではない。頭骨内のほとんどの空間は、顎の筋肉と、においを感知する大きな鼻腔(びくう)、物を見るための大きな眼球などの感覚器官に占領されていた。脳が入っていたのは、頭骨の後方中央に位置する脳函(のうかん)という小さな入れ物だった。頭骨に対する脳函の大きさは、靴箱の中に置かれたマッチ箱のようなイメージだ。鳥類や哺乳類は頭骨の内部を脳がほぼ満たしていて、顎の筋肉などほかの器官は頭骨の外側に位置している。

恐竜の脳について現在わかっていることのほとんどは、脳の印象化石から得られた情報だ。脳は軟組織でできているため、動物が死ぬと時間の経過とともに朽ちて消滅してしまう。脳函内部に残った脳の印象は脳エンドキャストと呼ばれる。脳エンドキャストは、頭骨後方の脳函に詰まっていた脳のおおまかな形状を伝えてくれるが、嗅覚を司る嗅球(きゅうきゅう)は前方の両目のあいだまで伸びていることもある。

脳エンドキャストから脳を解明する際も注意が必要だ。脳エンドキャストに脳以外の組織が含まれていることがあるからだ。生体の脳は、衝撃から守るための硬膜(こうまく)という保護組織に囲まれている。鳥類の硬膜はワニ類の硬膜より薄いが、それはおそらく鳥の脳が頭骨内いっぱいに詰まっているからだろう。恐竜の硬膜の厚さについては明らかになっていないが、鳥類の起源に近い獣脚類の中には鳥類に似た脳を持つものもいたと考えられる。

脳を調べれば、知能と感覚についての情報を集めることができる。現生動物の脳には、視覚、嗅覚、聴覚、平衡感覚など、さまざまな機能を持つ異なる領域がある。ここからはそれぞれの感覚についてくわしく見てみよう。

恐竜の脳が現在まで残っていることはほぼないが、2016年にはその常識を覆すような発見があった。オックスフォード大学のマーティン・ブレイジャー（1947～2014年）らが、南イングランドの白亜紀前期の地層で見つかった標本から、鳥脚類のイグアノドンの脳組織の一部らしきものを発見したと発表したのだ。その標本というのは海岸で見つかった手のひらサイズの礫岩で、その中に

脳の力
植物食恐竜だったイグアノドンの脳はあまり大きくなかった。脳のほとんどが四肢と筋肉を制御し、すぐれた視力を発揮するための領域だった。思考はあまり得意ではなかったようだ。

頭骨の頭蓋冠（とうがいかん）の一部が含まれ、脳の周辺にあった硬膜とその他の組織が残っていた。そして、それら周辺組織の下に、古代の恐竜の脳の一部である脳組織と微細な毛細血管網が見つかったのだ。

恐竜と鳥の脳を比較する

小型獣脚類のツァーガンは頭骨の奥に比較的大きい脳がしっかりと収まり、とくに視覚と嗅覚の感覚領域が発達していた。しかし、現生鳥類（下）の脳はそれよりさらに大きく、視覚と聴覚が非常にすぐれ、飛翔動物としての複雑な生活様式に適応する協調運動の領域がより強化されている。

ツァーガン
（非鳥類型恐竜）

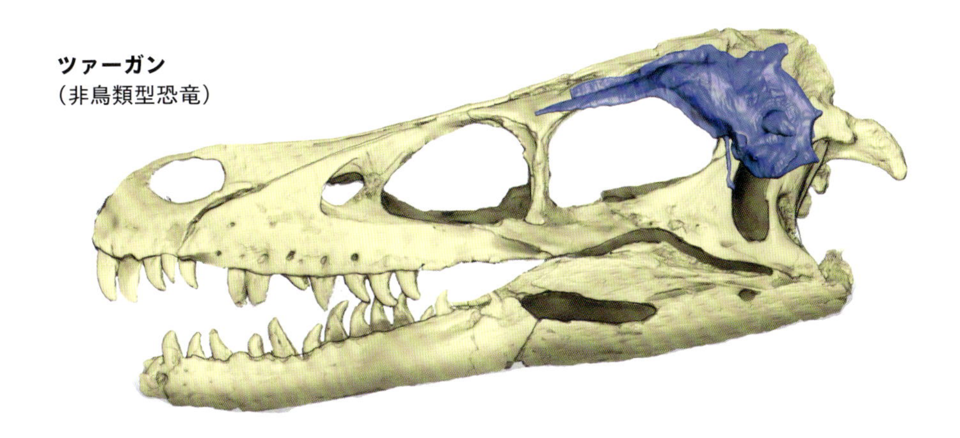

カレドニアガラス

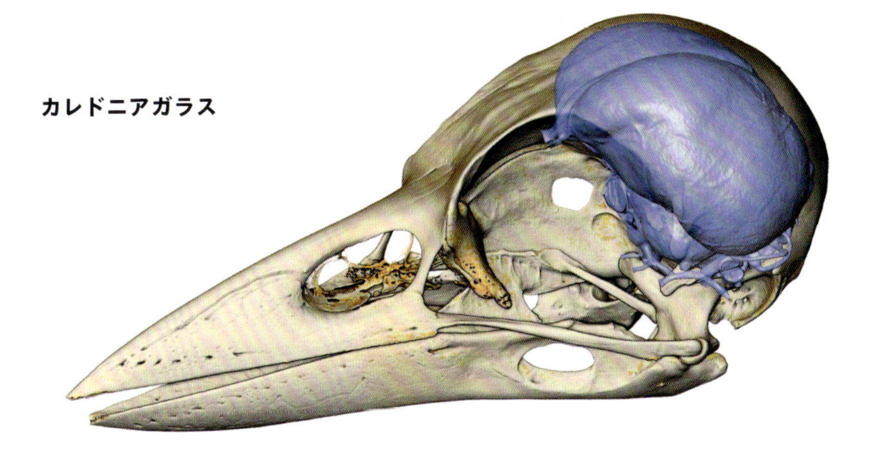

検証 古代の脳を調べる

かつての古生物学では、頭骨化石内部の岩石を調べることが恐竜の脳を調べる唯一の方法だった。死んだ恐竜の脳函には砂が入り込むことがあり、その砂が石化すると脳の形を残す印象化石になる。しかし、脳函の中から脳のキャスト（凸型化石）を取り出すためには、頭骨化石を傷つけるという大きなリスクを冒さなければならない。

脳の容量を測る際は、頭骨化石のクリーニングを行い、頭骨の穴をすべて塞いだ状態で、乾燥したレンズ豆などを脳函いっぱいに入れる。脳函に入れた豆を測量容器に移し替えれば、脳の体積を測ることができるというわけだ。しかし、この方法だけでは脳についての詳細な情報を手に入れることはできない。

こうした状況を一変させたのが、コンピュータ断層撮影（CT）の普及だった。CTはもともと医療用に開発された技術で、医師が患者の病気の原因を特定するために3Dスキャンするものだ。脳外科医は患者の脳の3Dスキャンモデルを用いて、がんの発生場所の特定や繊細な除去手術のシミュレーションを行う。

古生物学の研究でも、恐竜の頭骨のスキャンが頻繁に行われている。その場合、保存状態の良好な標本をスキャンするのが最善だ。損傷がなければ、頭部内側のさまざまな領域を詳細に観察することができる。恐竜の脳を調べる際は、大きく分けて3つのステップがある。

まず、X線CTスキャンを用いて脳エンドキャストの3Dモデルを製作し、脳の全体像、硬膜、神経、その他の構造の情報を得る。このとき、骨と岩石のコントラストが曖昧で、神経系の構造は繊細なので、観察に

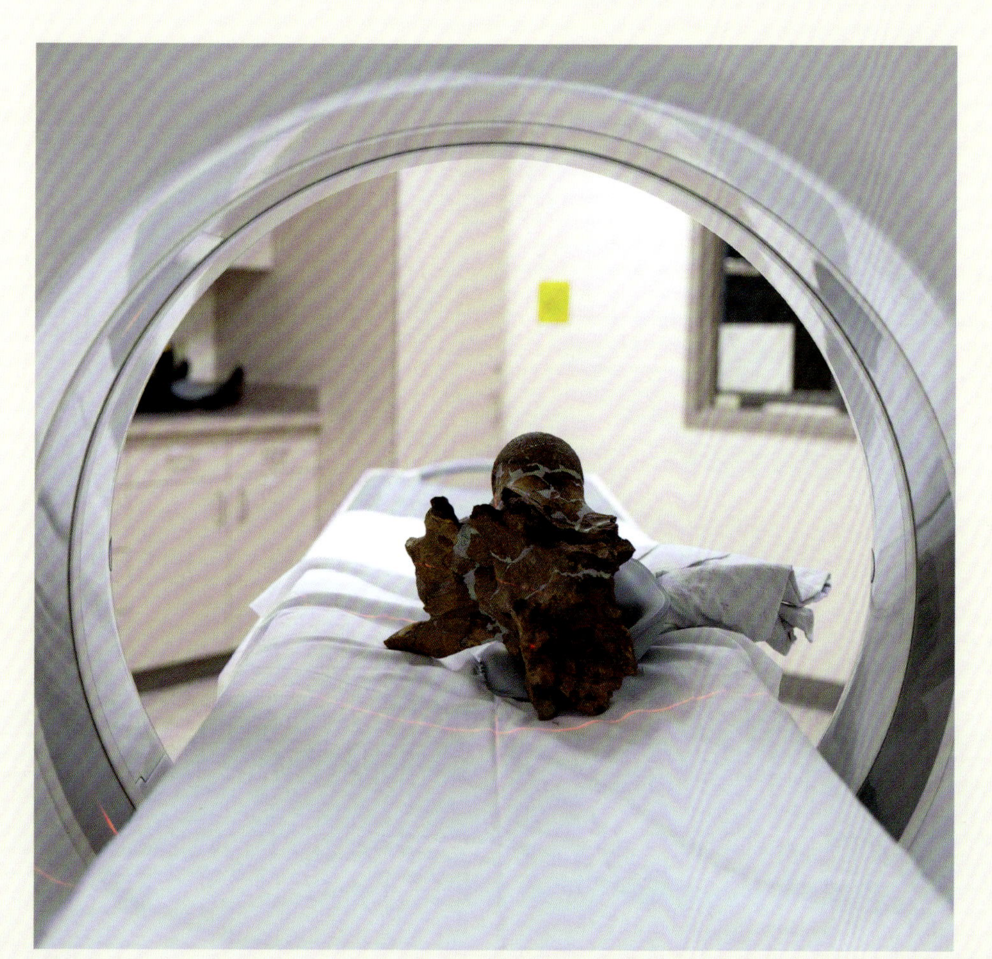

左
ケラトプス類のトリケラトプスの脳函を医療用の全身用X線CTスキャナーで撮影している。大きな化石には大型スキャナーが必要だ。

右
三畳紀後期の原始的な竜脚形類だったテコドントサウルスの脳を調べる手順。脳函化石をスキャンして3Dモデルを製作する。脳函内部をスキャンして、脳エンドキャスト（脳の凸型印象）を特定して分離する。この画像では脳組織が青、神経が黄、平衡感覚を司る半規管がピンクで示されている。

は注意が必要だ。

次に、脳エンドキャストの情報を読み取るために、硬膜を除いて脳をより詳細に調べる。これがなかなか難しい作業で、エンドキャスト表面の凹凸がどれだけもとの脳の構造と一致するか、また硬膜の厚さがどれくらいだったかについては推察するしかない。しかし、少なくとも現生鳥類やワニの脳と比較することはできる。恐竜の脳エンドキャストに血管の印象が残っていることがあるが、血管は脳そのものの表面にあるため、その部分の硬膜が薄かったと考えられる。

最後に、さまざまな感覚に関連する脳の領域を調べる。嗅覚、視覚、聴覚など、それぞれの領域の相対的な大きさを測定すれば、各感覚の生存時の重要度を知ることができる。

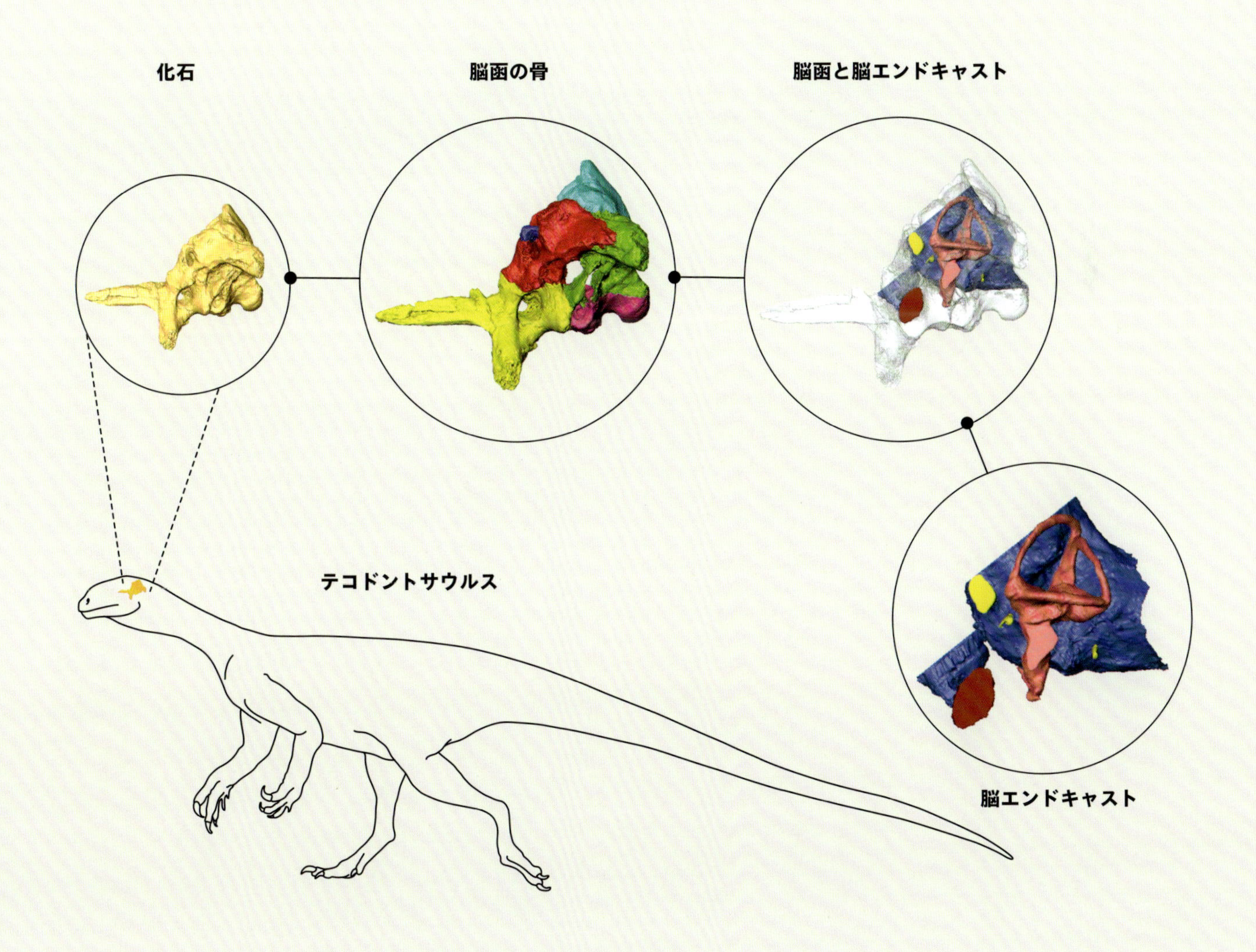

現在の爬虫類と鳥類の脳

現在の爬虫類と鳥類の脳はまったく違って見えて、じつは共通する点が多いため、恐竜の脳の解明に大いに役立ってくれる。

現在の脊椎動物の脳はすべて共通したパターンで構成されている。鳥類と哺乳類は前脳(ぜんのう)が大きいが、ほかの主要な領域もはっきりと特定できる。脳は4つの主要な領域に分けられ、各領域は後ろから前へ一列に並んでいる。

延髄(えんずい)は脳の最も基部にあたる部分で、脊髄(せきずい)と脳のほかの部分をつないでいる。心臓を動かし、血圧や呼吸をコントロールするなど、基本的な体の機能に直接関係している。

運動制御を司る小脳(しょうのう)は、身体のバランスを保ち、恐れや喜びなどの基本感情の処理にも関係している。脳橋(のうきょう)は脳と脊髄をつなぎ、呼吸や睡眠・覚醒周期など、生体機能の調整を助ける。

中脳(ちゅうのう)は前後の領域をつなぎ、視覚や聴覚などすべての感覚系、睡眠・覚醒周期、意識の覚醒、体温調節などで重要な役割を担う。

前脳または大脳(だいのう)は、理性、知性、記憶、言語、人格など、私たちが「知能」として分類するすべての機能を司る。哺乳類と鳥類の脳はこの部分が最も大きく、魚類は小さい。

脳のほかの領域は感覚を制御している。視蓋(しがい)は視覚を司り、脳の最前部に位置する嗅球は嗅覚と味覚を処理する。ヒトは視蓋が大きいが、嗅球はあまり発達していない。イヌをはじめとする多くの動物は嗅覚野が大きく、ヒトにはないすぐれた嗅覚を備えている。

魚類から哺乳類や鳥類へと進化する過程で、脊椎動物の脳には3つの大きな変化が起こった。1つ目はシンプルに脳が相対的に大きくなったこと。鳥類と哺乳類は、同じ体の大きさの爬虫類と比べると、最大で平均10倍の大きさの脳を持っている。2つ目は、脳内部の神経接合がより複雑になったこと。鳥の脳は魚の脳よりはるかに多くの情報を処理できる。3つ目は、哺乳類と鳥類の脳内細胞の種類が魚類よりもはるかに多いこと。つまり、より幅広い機能を持つようになったということだ。

知能を測る

知能を測るカギとなるのが、体に対する脳の大きさの割合だ。たとえばクジラはヒトより大きい脳を持っているが、ヒトより知能が高いというわけではない。実際のところ、クジラやイルカの知能は非常に高いが、知能レベルを正しく測るには、脳の大きさの比較よりも信頼できる指標が必

脳の進化

魚類、両生類、爬虫類、鳥類、そして哺乳類の脳はまったく違っているように見えて、じつは同じ4つの基本領域で構成されている。脳のうち「思考」を司る大脳は、哺乳類と鳥類ではつくりが大きく、その他の生物グループでは小さい。これは私たちが「知能」と分類する領域だ。嗅球は嗅覚を司り、視蓋は視覚、小脳は運動制御を司る。

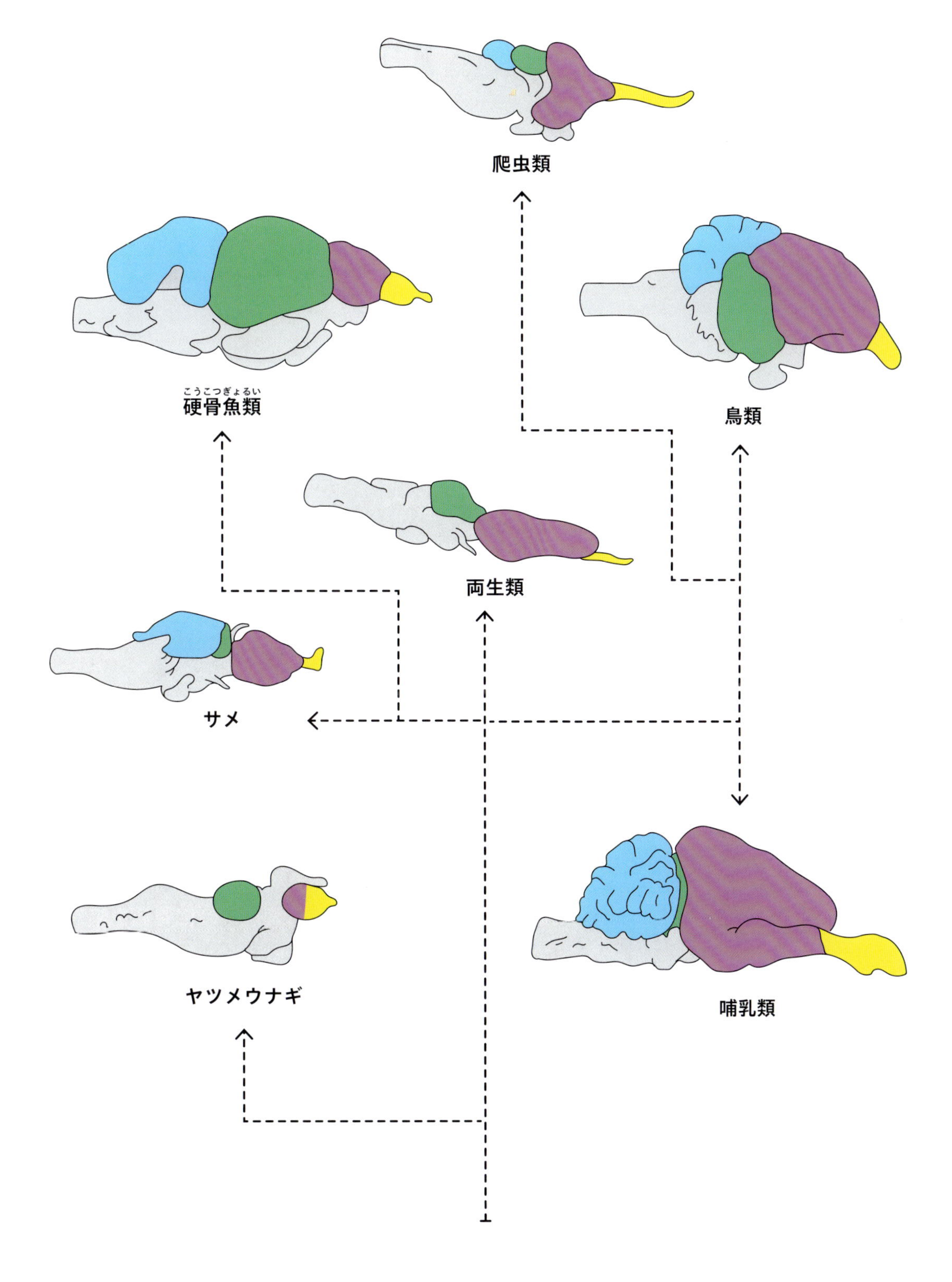

すぐれた視力

初期の鳥だったアーケオプテリクスは、頭骨の大きな眼窩（がんか）と脳の視覚野の大きさから、視力がすぐれていたことがわかっている。視覚の発達は、飛翔をコントロールして木に止まったり、昆虫など動きの速い獲物を追ったりするために必要不可欠だった。

要だ。

知能を測る一般的な指標に脳化指数（EQ）がある。これは体に対する脳の体積の割合に基づいた測定法で、動物の体の大きさに見合った脳の大きさと、実際の脳の大きさを比べるものだ。EQは人間に備わる知性などを細かに分析するものではない。たとえば、人間の脳の大きさには個人差があるが、頭の大きい（つまり脳が大きい）人が必ずしも頭（脳）の小さい人より賢いというわけではない。しかし、動物の知的能力を測る際はEQが1つの判断材料となってくれる。

生物学者がさまざまな動物の脳と体の大きさを比較した際、グループ内の測定値には厳密な一致が見られるのに対し、グループ間では大きな差が認められた。昆虫類、魚類、爬虫類は脳が比較的小さくてEQ値も低いのに対し、鳥類と哺乳類は非常に高いEQ値を記録し、相対的な脳の大きさはほぼ10倍だった。

哺乳類のEQグラフでは、身体に対する脳の大きさの回帰直線（右図のグラフの直線）が示され、その上下にさまざまな動物が分布している。回帰直線より上の値を示しているのは、カラス、リス、ネコ、サル、類人猿（るいじんえん）、イルカ、ヒトなどで、これらの動物は体の大きさに対して知能が高いと考えられる。回帰直線より下に分布し、体の大きさに対して知能が低いのは、トガリネズミ、大型のネズミ、ブタ、大型のクジラなどだ。ネコとウマは回帰直線とほぼ重なっている。

体に対する脳の大きさの相対値を絶対的な知能の評価基準として用いることはできないが、回帰直線に対するEQ値の分布を読み取ることはできる。ヒトのEQは7.44、イルカは5.31、イヌは1.17で、すべて回帰直線より上に分布しているが、ウマは0.98、小型のネズミが0.5で、適合線をいくらか下回っている。

脳と知能の専門家であるハリー・ジェリソンが行った研究では、ほとんどの恐竜が適合線を下回る小さい脳を持ち、現在の爬虫類と同じ領域に入ることがわかった。ただし、初期の鳥であるアーケオプテリクスの脳の大きさは、現生鳥類のボーダーライン上にあったという。

ただし、これらの測定は脳全体の体積に基づくものであり、脳の各領域を区別したものではないため、正確な結果を表しているとは言えない。すぐれた視覚を持つ動物は視覚野が大きく、脳の体積も大きいが、知能を司る前脳は小さい場合もある。

脳化指数（EQ）

大型の動物は脳も大きいが、脳の相対的な大きさから動物の「知能」を測ることができる。小型のネズミ、チンパンジー、ヒト、イルカなどのように、脳の大きさが回帰直線より上に分布している動物は、想定値よりも知能レベルが高いと考えられる。コウモリ、ハリネズミ、ブタ、シロナガスクジラは回帰直線より下に位置し、想定値よりも知能レベルが低い。

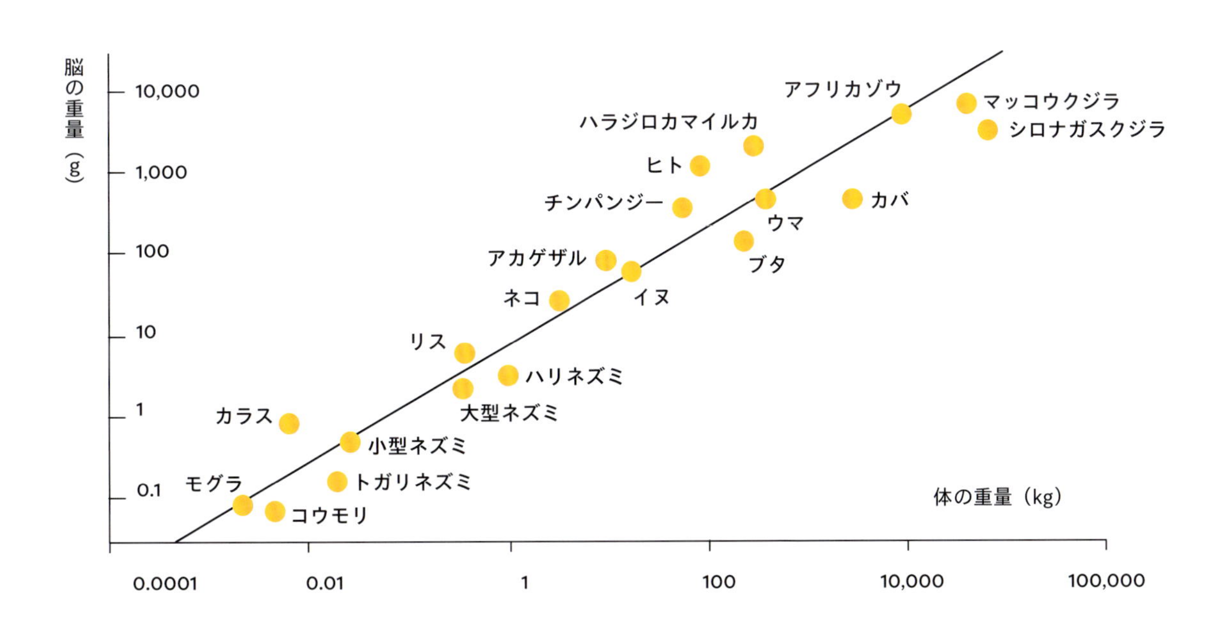

進化する知能

恐竜の中にはかなり知能の高い種もいたが、ほとんどの恐竜はあまり思考力が高くなかったようだ。知能の発達はおもに鳥類の系統で起こっていたと考えられる。

恐竜の中で最も知能が高かったのは、鳥類の起源に近い獣脚類だった。英語では「まぬけ」というときに「bird brained（鳥の脳みそ程度）」などと表現するが、実際のところ現生鳥類は哺乳類に匹敵するほどの高い知能を持つ。恐竜の進化史においても、さまざまな飛翔様式を試みてきた（98ページ）羽毛を持つ獣脚類（40ページ）が、すでにすぐれた知能を持っていたと考えられている。脳化指数を用いれば、そんな恐竜たちと現生動物（112ページ）の知能を比較することができる。

エイミー・バラノフらは、鳥類の系統に進化した恐竜の移行過程を1つずつ調べた。初期の鳥であるアーケオプテリクスについては長きにわたって詳細に研究が行われ、相対的な脳の大きさが恐竜と鳥類の中間だったことがわかっている。では、鳥類の起源を明確に示すような飛躍的な脳の成長は見られたのだろうか。バラノフの研究では、そのような成長は認められなかったという。バラノフは、多種にわたる獣脚類恐竜のCTデータから、脳の大型化が鳥類の起源よりも前に起こっていたことを突き止めた。バラノフによると、鳥類以前の獣脚類恐竜の多くがすでに飛翔し、その新しい移動運動と多様な生息環境、そして立体視に対応するために複雑な脳を発達させる必要があったのだという。鳥類のような脳は、鳥類が進化する前から存在していたのだ。

では、異なる恐竜グループではどうだろう。獣脚類と鳥類のEQは最高値を記録する。狩りをする動物は獲物を捕獲できるよう知能が高くなくてはならない。そのため、ティラノサウルスのようなモンスター級の種も含め、すべての獣脚類が植物食恐竜より高い知能とすぐれた感覚を手に入れる必要があった。EQ値が最も低いのは大きな体を持つ竜脚類だ。彼らの脳は物理的に大きかったが、体が巨大である分EQ値は低かった。竜脚類の次にEQ値が低かったのは、ステゴサウルス類やアンキロサウルス類などの装盾類で、その次がトリケラトプスなどのケラトプス類、さらに鳥脚類と続いていた。

ジュラ紀の恐竜よりも白亜紀の恐竜のほうが知能を発展させていたという十分な証拠はないが、ティラノサウルス上科はEQ値が上昇し、聴覚にも発達が見られる。

恐竜と鳥類の脳

下の系統樹を見れば、ティラノサウルスとトロオドン科などの恐竜がどのように鳥類（鳥群）に進化したかがわかる。シチパチ（A）やトロオドン科（B）などの恐竜から、初期の鳥であるアーケオプテリクス（C）を経て、現在のダチョウ（D）やキツツキ（E）へと脳は大きく変化している。現在のアカオネッタイチョウ（F）の頭骨に示した空間に、脳の脳エンドキャスト（脳の凸型印象）がすっぽり収まる。

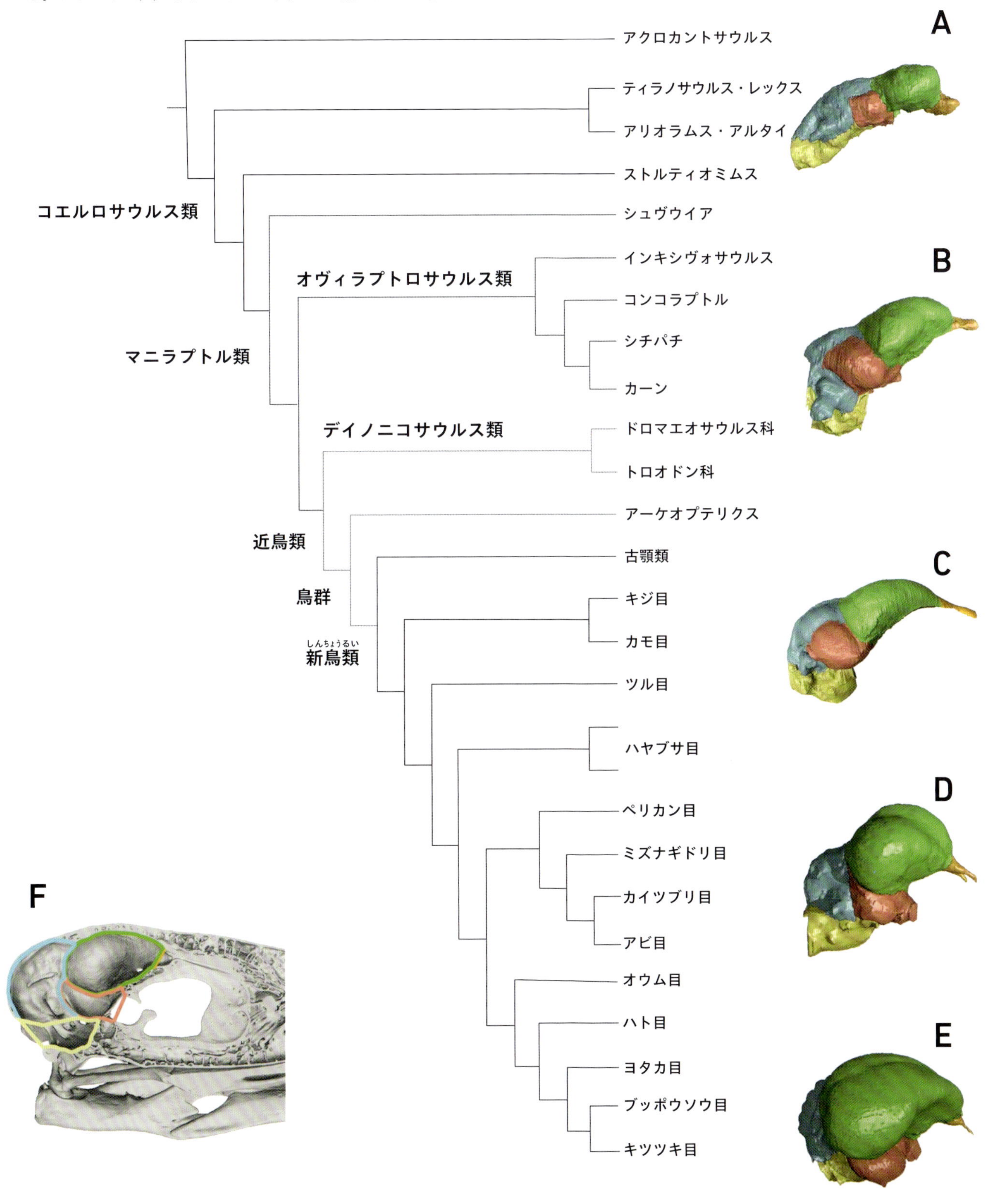

最も知能の高い恐竜

恐竜はどれだけ知能を発達させることができたのだろう。EQ値が最も高かったのはステノニコサウルスだった。白亜紀後期に北アメリカで生息していた全長3.5 mの細身の恐竜で、後肢が長く、首と頭も長かった。中国で見つかった古い近縁種に羽毛があったことから、ステノニコサウルスも全身に羽毛が生え、尾は幅の広い羽がついていたと考えられる。ただし、この恐竜は飛翔する恐竜ではなかった。地上で獲物を追う捕食者だったのだ。

ステノニコサウルス*は、現在わかっている中では(相対的に)恐竜最大の脳を持っていた。デール・ラッセル（1937 ～ 2019年）によると、体重がおよそ40kg、脳の重量が推定37 ～ 45gで、EQ値は0.24 ～ 0.34だったという（次ページ）。鳥類ではホロホロチョウとノガンと同じくらいで、哺乳類ではアルマジロやオポッサムと同じくらいの値だ。

ステノニコサウルスの脳はどうしてそんなに大きかったのだろう。地上で狩りをしていたステノニコサウルスだが、そのルーツはジュラ紀後期と白亜紀前期に飛翔能力を発達させた祖先にある。そんなわけで、ステノニコサウルスは複雑な羽毛と色や模様を進化させるだけでなく、樹上性の祖先種から受け継いだ複雑な生活様式に適応した能力も身につけ、両眼視を進化させて立体視ができるようになった（122ページ）。木に登ったり飛翔したりする生物にとって、立体視は目的物との距離を測って安全に降り立つために必要な能力だ。地上生活者だったステノニコサウルスの目は

*［訳注］最近、トロオドンという恐竜の学名は無効でステノニコサウルスとラテニヴェナトリクスという2種類に分けられるという説が発表されているが、現状では多くの研究者がトロオドンの学名を使っている。

大きく、視力がすぐれていたようだ。これらの特性から、視覚野と運動制御の領域が脳の大部分を占め、思考に関わる前脳の領域も大きかったと考えられる。

これまでにステノニコサウルスの脳の3Dモデルは製作されていないが、ローレンス・ウィットマーが近縁種のトロオドンのモデルを製作している。そのモデルでは、菱脳（りょうのう）と中脳が標準的な大きさだが、前脳はほかの多くの恐竜よりも大きい。つまり、知覚と思考力にすぐれていたということだ。

1982年、オタワのカナダ国立自然博物館でキュレーターを務めていたデール・ラッセルが、もしも恐竜が白亜紀末に絶滅していなかったら、という思考実験を行った。ラッセルがとくに着目したのは、恐竜の知能の発達だった。

ラッセルが想像したのは、ステノニコサウルスの特徴を持つ現在のトロオドン科で、6600万年の進化を経て脳の大きさが人間とほぼ同じ1,100cm^{3}になると考えた。ラッセルの考えた現在の恐竜は直立歩行で、体格は細身のティーンエージャーくらいで、尾は喪失し、人間と同等の知能を持っていた。本当にこのような進化は可能だっただろうか。おそらく不可能だったろう。獰猛な捕食者だった恐竜が、人間のような姿になるとは考えにくい。

最も知能の低い恐竜

気の毒なのはステゴサウルスだ。恐竜の知能の研究が始まってからというもの、ステゴサウルスは最も知能の低い恐竜だと決めつけられてきたの

左
白亜紀後期のカナダに生息していたトロオドン科のステノニコサウルスは、とても知能の高い俊足のハンターだった。後肢が長く、腕は短くて羽毛が生えていた。目が大きくて視力がよく、大きな脳が視覚と平衡感覚の調整を助けていた。

右
トロオドン科の恐竜が現在まで生きていた場合の想像模型。奥に見えるのは羽毛のないステノニコサウルスの模型。デール・ラッセルは、恐竜が絶滅していなければ人類に似た姿になっていたはずだと考えた。

だ。ステゴサウルスは体重7tの巨体ながら、脳はクルミか子ネコほどの大きさだったと言われている。

その説を広めたのはオスニエル・チャールズ・マーシュ（1831～1899年）だった。マーシュは化石戦争と呼ばれる恐竜化石の発掘競争を繰り広げた偉大な恐竜ハンターの1人だ。アメリカ西部で数々の有名な恐竜化石を発見し、1877年にステゴサウルスを命名して以降、ステゴサウルスの研究を続けた。

1896年にマーシュは恐竜7種の体と脳の大きさの比較研究を行おうと考えた。そこで、恐竜化石の脳エンドキャスト（108ページ）から脳のサイズを推定し、全体の大きさから体重を推定した。ステゴサウルスは現在のワニと比較した。マーシュは、ステゴサウルスの脳がワニの10倍であるのに対し、体重は1,000倍もあることに驚いた。ステゴサウルスの脳は、ワニの脳と同じ比率だった場合の100分の1の大きさしかなかったのだ。マーシュが調査した恐竜7種はすべて、相対的な脳の大きさが現在のワニよりも小さいという結果となった。

マーシュはこの研究結果から、「ステゴサウルスは陸棲脊椎動物の中で最も小さい脳を持っていた」と結論づけたのだ。

マーシュは、ステゴサウルスが想像し得る最小の脳を持っていたことだけでなく、脳とは別の部位に思考する機構を備えていた可能性を指摘した。マーシュは脳の後ろから脊柱の中を通る脊髄をたどった。脊髄は左右に神経を伸ばし、脳の指令に従って全身が動くシステムを構築して

いる。ステゴサウルスの脊髄は腰帯部にまでしっかりと伸び、後肢と尾の大きな筋肉にまで神経を伸ばしていた。つまり、これがステゴサウルスの神経制御の中枢の一部であり、歩いたり尾を動かしたりするための司令センターだというわけだ。腰帯部で発達した脊髄は脳のおよそ20倍の大きさだった。そんなわけでマーシュは、ステゴサウルスが脳ではなく、寛骨部の機構で思考していたと考えたのだ。

もちろん、この説は間違っている。腰帯部の脊髄の機能は動きと反射の制御のみだ。ステゴサウルスの思考はすべて頭の中の脳で起こっていた。とはいえ、複雑な思考は行えず、脳がはたらくのはせいぜい「食べ物があるぞ、前へ進め」「ヤバいやつがいるぞ、逃げろ」といった好機と脅威に対して即座に反応するときぐらいだったようだ。

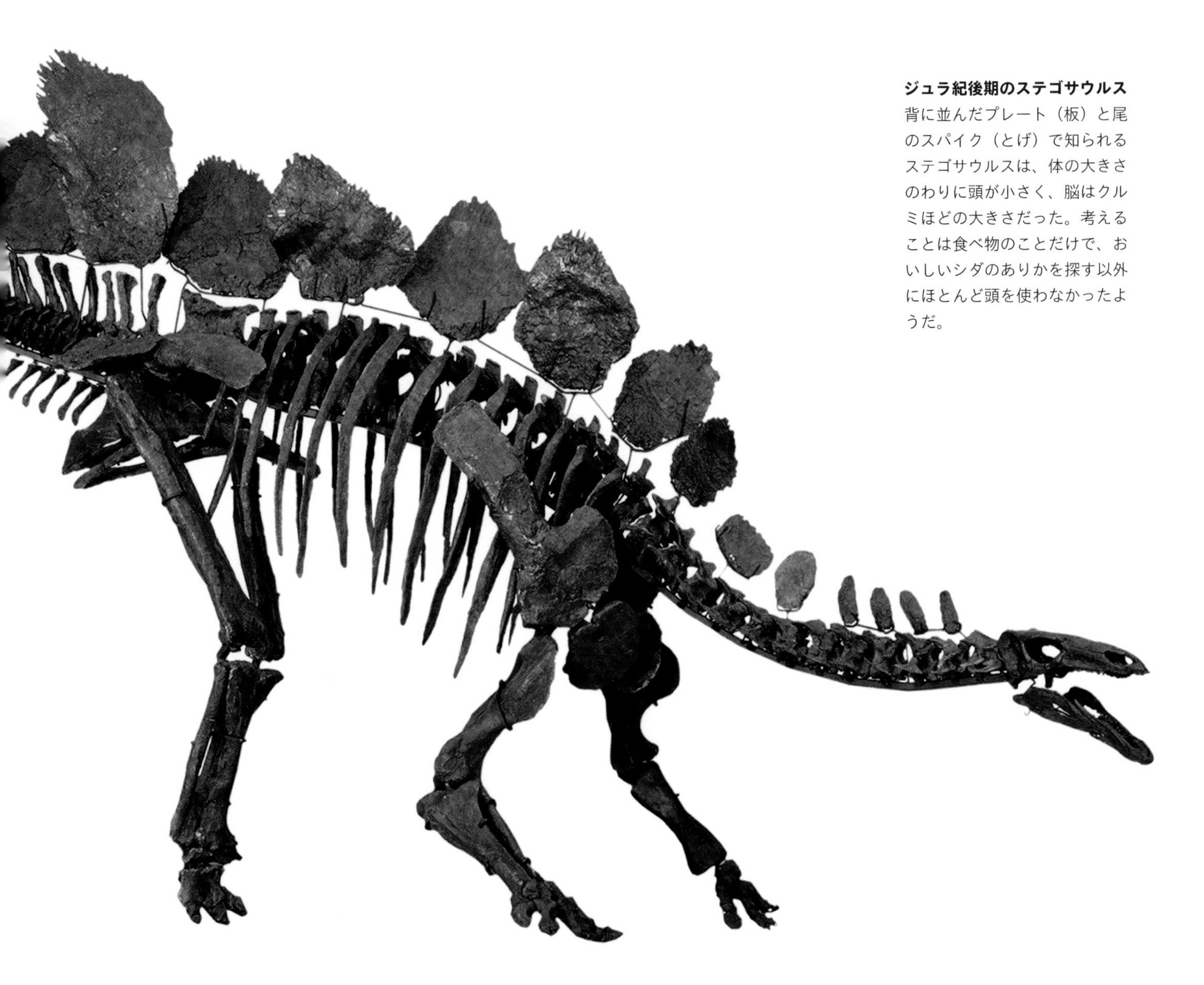

ジュラ紀後期のステゴサウルス
背に並んだプレート（板）と尾のスパイク（とげ）で知られるステゴサウルスは、体の大きさのわりに頭が小さく、脳はクルミほどの大きさだった。考えることは食べ物のことだけで、おいしいシダのありかを探す以外にほとんど頭を使わなかったようだ。

嗅覚

人間はあまり嗅覚を使わないが、ほかの動物たちにとってはとても重要な感覚だ。恐竜たちも鼻や脳のつくりから、すぐれた嗅覚を持っていたことがわかっている。

私たち人間は鼻と口でにおいを感じとる。鼻でにおいを嗅ぎ、舌にある味覚受容体で味を感じていると考えがちだが、実際は鼻と口の感覚系はつながっていて、鼻と口の両方でにおいを部分的に嗅ぎとっているのだ。においの感知は脳の嗅球につながる神経を通して行われる(110ページ)。

ほとんどの動物が人間よりはるかにすぐれた嗅覚を持っている。たとえばイヌの嗅覚は人間の1万～10万倍と言われている。人間の嗅覚受容体が600万個であるのに対し、イヌの鼻には3億個の嗅覚受容体がある。イヌの脳にある嗅葉の大きさは、人間の嗅葉の40倍だ。そのすばらしい嗅覚を活かして、人物を特定したり、ガン、糖尿病、結核、マラリアなど、人の病気を特定したりする使役犬が活躍しているというのもうなずける。

ワニもすぐれた嗅覚を持つ。イヌには及ばずとも、人間よりはずっとすぐれていて、空気中でも水中でも動物の血や死骸の臭気を感じとる。鳥類は視覚にすぐれ、嗅覚は劣っていると言われている。しかし、最近の調査で、鳥類の何種かが嗅覚を用いて渡りを行ったり、食糧を探したり、仲間を特定したりしていることがわかった。

恐竜はみな吻部の中に大きな鼻腔を持ち、それが複数の機能を果たしていた。アンキロサウルス

類などの鼻腔はねじれたり曲がったりしていて、呼吸をすると空気が長い鼻腔を通過した。恐竜は鼻腔を通る空気からあらゆる臭気を感知した。鼻腔が迷路のように複雑な形状になっているのは保温のためだ。吸い込んだ冷たい空気が鼻腔を囲む皮膚を通過しながら血流の熱を吸収し、排出されるときには体内に熱を返却する。人間も同じような方法でエネルギーを節約している。

脳の中にある嗅球の相対的な大きさから嗅覚レベルを知ることもできる。恐竜の体の大きさに対する嗅球の大きさ（脳全体の大きさに対する相対値）をグラフで表すと、最高レベルの嗅覚を持つのは大型の竜脚類と獣脚類の数種で、嗅覚レベルが最も低いのはおもに初期の小型獣脚類という結果となった。初期の恐竜だったブリオレステスは嗅覚が弱かったが、視覚はすぐれていた。

おいしそうなにおい
2頭のギガノトサウルスが鼻を動かして香りを堪能している。リマイサウルスの幼体の死骸が、人間の鼻でもわかるほどの腐敗臭を放っているのだ。恐竜たちは、現在の肉食動物のように、1km先のにおいも感知することができたと考えられる。恐竜たちは、現在のワニや鳥たちのように鼻と口で空気中のさまざまなにおいを嗅ぎ分け、次のごちそうを探していたのだろう。

視覚

恐竜の多くがすぐれた視覚を持っていたことは、大きな目と、脳の大きな部分を占める視覚野から明らかだ。多くの種が色を見ることができたが、すべての恐竜が立体視できたわけではなかった。

色の識別と立体視に慣れている私たちは、すべての動物が同じように見えているわけではないことをつい忘れてしまう。多くの動物が立体視できていないのは、長い吻部を見れば明らかだ。吻部が長い動物は目が横向きについていて、長い鼻で前方の視界が分断される。立体視や両眼視、あるいは3次元視覚は、両目の視野が重なる部分でのみ可能になる。顔から30cmほど離れた位置で指を1本立て、片目ずつ交互に見てみればわかるだろう。

ウマやイヌはおもに片目で片側の世界を見ている状態だ。吻部の前方で両目の視野が重なる部分は鼻でブラインドになってしまうため、立体視の範囲がごく狭くなる。おそらく恐竜の多くには世界がそれと同じように見えていただろうし、前方に両眼視の視野がまったくなかった可能性もある。しかし、捕食者のほとんどがウマと同じくらいの視野を持ち、前方には動く獲物を狩るためのごく狭い立体視野があった。大型の植物食恐竜はほぼ1日中植物を食べて過ごしていたので、両眼視の能力は必要なかったかもしれない。

小型の獣脚類の中にはとても大きい目を持つものもいた。大きい眼球は視力がすぐれているという証拠にはならないが、ある程度の利点があると

視野

獣脚類恐竜の多くが3次元の視野を持っていた。両目は横についてやや前方を向き、それぞれ違う世界が見えていた。吻部のすぐ前方の視野が重なった部分で立体視ができた。獲物を狙うハンターには立体視が必要だったのだ。

3Dでとらえる
ティラノサウルスがすぐれた立体視能力を持っていたことはほぼ間違いない。長い吻部の両脇に両目がやや前向きにつき、鼻も細いつくりだったため、こんなふうに真っ直ぐ獲物をとらえることができたのだ。立体視のおかげで獲物との距離を把握し、どれくらいの跳躍で仕留められるか判断できた。

言える。ダチョウは鳥類最大を誇る直径5cmの眼球を持つ。眼球の大きさは体の大きさに比例するため、体の大きいダチョウは眼球も大きい。恐竜の中でとくに大きな脳を持つステノニコサウルスは最大級の眼球を持ち、その大きさは直径4.4cmもあったと推定される。

ステノニコサウルスの大きい眼球はほぼ前を向いていたため、ほかの小型獣脚類のように両眼視ができた。また、大きな目は光の少ない時間帯や真っ暗闇の中でも見ることができた。現在の動物ではフクロウが大きな目を持ち、夜のわずかな光でも狩りをすることができる。ステノニコサウルスも夜行性だったのだろうか。その可能性は十分ある。

では、恐竜は色を識別したのだろうか。現在の鳥類と爬虫類が色を見分けられるのだから、恐竜もやはり色を見ることができたと考えてよいだろう。その証拠に、恐竜は鮮やかな色や模様の羽毛をまとっていたし（166ページ）、それがおそらく恐竜同士がお互いを認識する手段だったのだろう。分子生物学の新たな証拠が、恐竜の色覚を証明してくれるかもしれない。

聴覚

恐竜は聴覚にすぐれていた。脳と内耳の半規管を調べれば、恐竜の聴覚の謎を解明することができる。ティラノサウルスには低音がよく聞こえたようだ。

現在の爬虫類ではワニとトカゲの多くがとくにすぐれた聴覚を持っているが、ヘビやカメは聴覚が弱く、空気ではなく地面の振動に頼って音を感知している。実際、内耳はどちらの振動も「聞く」ことができる構造になっている。

爬虫類と恐竜には耳がないと思っている人が多いようだ。一般的に人間や哺乳類の耳とされるのは耳介と呼ばれる部分で、音を集めるための外部の構造だ。音を感じる組織は頭骨の中にあり、鼓膜と耳小骨からなる。耳小骨は音を鼓膜から脳へ伝える小さな骨だ。

すべての動物は、外耳道の奥に皮膚の層でき

夜のハンター
鳥類に近縁な肉食恐竜シュヴウイアが食糧の昆虫を探して闇夜を歩き回っている。現在のフクロウのような内耳を持つこの小さな捕食者は、夜に狩りをすることができた。非常に感度の高い聴力のおかげで、葉の下でゴキブリが動くかすかな音も聞き逃すことはなかった。

た鼓膜を持ち、そこに音が到達する。音は空気または地面を伝わって鼓膜を振動させ、その振動が耳小骨に伝わる。恐竜を含め、爬虫類と鳥類にはアブミ骨という耳小骨が1つだけある。哺乳類にはアブミ骨のほかに、ツチ骨とキヌタ骨と呼ばれる耳小骨がある。哺乳類はこの構造のおかげで音をより精密に聞くことができる。爬虫類は私たち人間ほど聴力に頼ってはいないようだ。音は耳小骨から半規管とつながる蝸牛（かぎゅう）に伝えられ（126ページ）、そこから聴神経を通って脳に伝達される。

2021年、ウィットウォーターズランド大学（南アフリカ）のジョナ・ショワニエルの研究チームが、多くの獣脚類がフクロウと同じ聴覚を持っていたと発表した。ショワニエルらはとくに半規管の構造に着目して内耳を調べた。この構造の下の部分は聴力に関係するラゲナ（壺嚢（つぼのう））という組織だ。現在の爬虫類と鳥類のラゲナは平衡感覚の役割（126ページ）と同時に、聞こえにも関係する。ラゲナが長ければ長いほど、聴力がすぐれているということだ。

現在のフクロウやその他の夜行性の鳥はラゲナが長く、また多くの獣脚類にも同じことが言えるようだ。とくに白亜紀後期のモンゴルに生息した小型獣脚類のシュヴウイアは、フクロウのようなラゲナを持ち、大きな目も持っていたことから、うす暗いところでも見ることができる夜行性で、かすかな音も感知できたと考えられる。獣脚類のアルヴァレスサウルス科に属するシュヴウイアは、小さいが力強い腕を持ち、アリやシロアリを食べていた（161ページ）。また、夜に狩りができたおかげで、気温が下がると活動的になる夜行性の昆虫を捕食していたようだ。フクロウはおよそ1km先でガがカサカサと動く音まで拾うことができる。おそらく小型の獣脚類もそれと同等のすばらしい聴力を持っていただろう。

夜行性の習性を調べる

これは現在のメンフクロウ（左）と小型肉食恐竜シュヴウイア（右）の内耳構造の生体モデルだ。全体の形状が同じで、基部の長いラゲナの構造がよく似ている。ラゲナには平衡感覚を助けるはたらきがある。フクロウはラゲナがとても長いため、夜の暗闇でも飛翔したり歩行したりできる。シュヴウイアにも同じ能力が備わっていただろう。

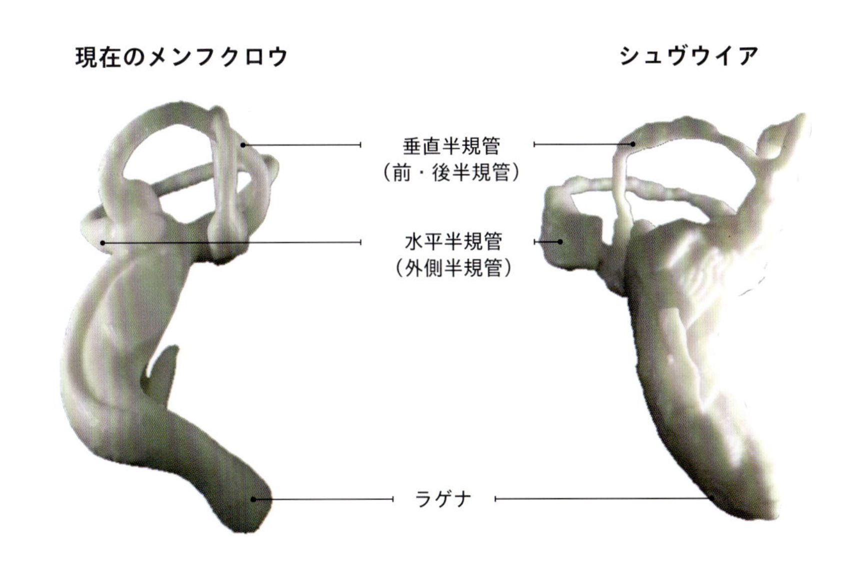

空間定位

半規管には平衡感覚を助けるはたらきがある。恐竜も耳の中に発達した半規管を持っていた。この器官を調べれば、恐竜がどのような姿勢で立ち、移動し、バランスをとっていたかがわかる。

私たちの平衡感覚は半規管によって保たれている。半規管は外耳道の奥にあり、蝸牛を含む骨迷路と呼ばれる構造の一部を形成する。人間の外耳道は長く、奥に鼓膜がある。3つの耳小骨（125ページ）が蝸牛に音を伝え、大きな蝸牛神経がその振動を脳に伝達し、脳がその情報を処理する。

半規管は蝸牛とともに1つの集合体を作り上げている。半規管は3つあり、そのうちの2つは垂直に、残りの1つは水平に配置している。全体がリンパ液で満たされ、その動きを感知する感覚毛（有毛細胞）がある。水平半規管は頭の左右の動きを感知し、前・後半規管を合わせた垂直半規管は上下の動きを感知する。頭が動くと半規管内部の液体が動き、感覚毛がその情報を脳に伝達する。

半規管は頭と体の位置を伝えてくれる。そのおかげで、私たちは目を閉じていても、体がさかさまになったり、横になったり、回転したりしているとわかるのだ。こうした情報は体のバランスを保つときに重要となる。自転車やスケートボードに乗って方向転換したり体をひねったりするときも、半規管から即時に送られた情報を脳が処理し、筋肉が脳の指令に反応してバランスをとらなければ、たちまち転倒してしまう。

恐竜が自転車やスケートボードに乗ることはなかったが、二足歩行にも常に転倒の危険が付きまとっていた。恐竜は歩くとき、私たちが歩くときと同じように、片方の足で立った状態で、もう片方の足を前方へ踏み出した。歩いたり走ったりするときは、体全体を左右に揺らしてバランスをとっていた。この全身的な調整は平衡感覚機能によるものだ。ヴェロキラプトルやデイノニクスなど、恐竜の何種かは趾に大きな爪を持ち、片足でバランスをとりながら、もう片方の足で獲物を仕留めた。これにはダンサー並みのバランス感覚が必要だったはずだ。

半規管は動物が歩いているときに頭の定位を調整している。二足歩行の動物の頭は脊柱の最上部で前方を向いている。四足歩行の動物は首がより水平で、頭が地面に向かって傾いている。白亜紀前期のケラトプス類のプシッタコサウルスは、成長とともに姿勢が変化した。赤ちゃんのときは四足歩行で、成長とともに二足歩行に移行したのだ。ブリストル大学のクレア・ブラーが2019年に行った調査では、この恐竜の姿勢が成長とともに変化すると、半規管もそれに合わせて下向きに移動していたことがわかった。

プシッタコサウルスの成長と姿勢の変化

原始的なケラトプス類だったプシッタコサウルスは、生まれてすぐは四足歩行で、成長とともに二足歩行の姿勢へ移行した（AからCのように変化）。それと同時に、下に傾いて前方を向いていた頭が（A）、10歳台（B）から成体（C）により水平になり、水平半規管（CTスキャンした頭骨3Dモデルのピンクの部分）の角度も38度から25度、15度と変化している。

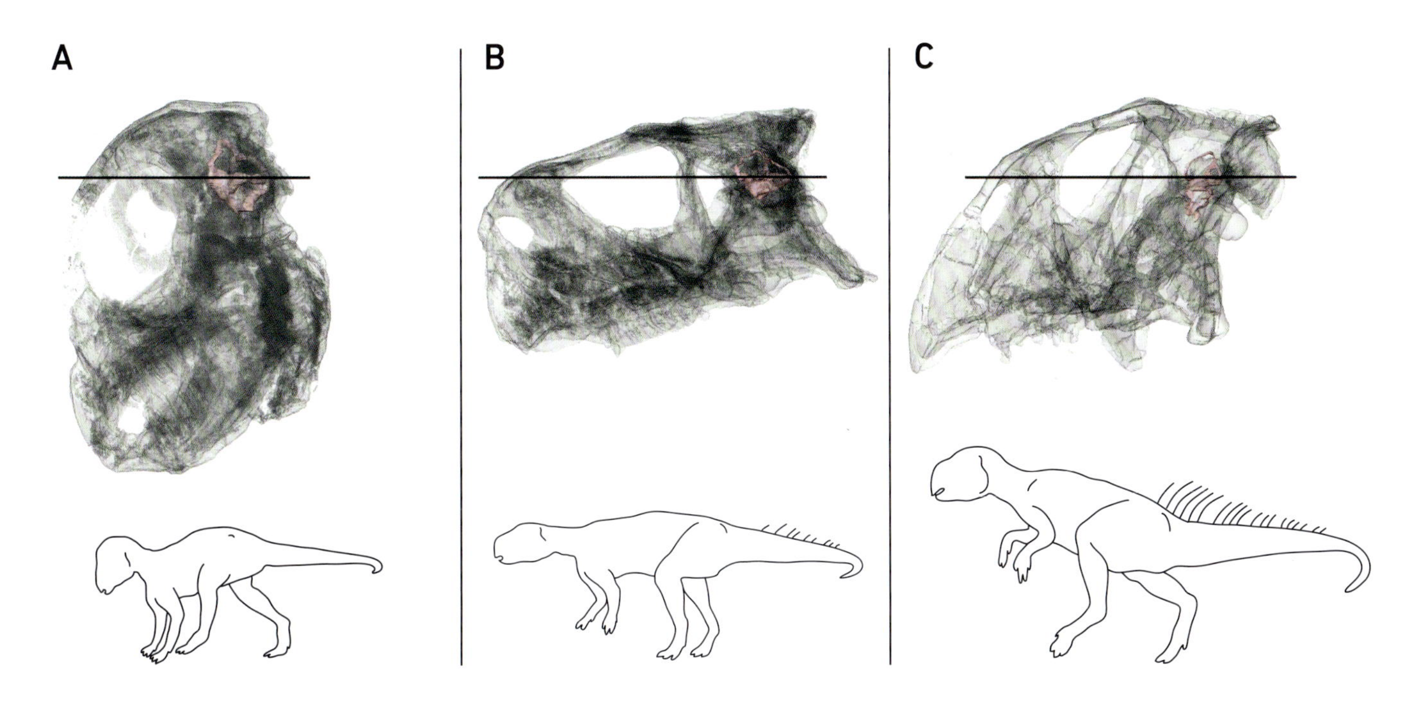

ティラノサウルスの感覚器官

ティラノサウルスの暮らしぶりは多くの人の関心事だ。史上最大級の捕食者は、自ら狩りをしていたのか、それとも腐食動物だったのか(158ページ)、どれくらいの速さで走れたのか(89ページ)、また、あれだけの巨体を動かすための食糧をどうやって手に入れていたのか――そんなティラノサウルスのサバイバル術は、嗅覚、視覚、聴覚などの感覚器官から解き明かすことができる。

これまでに見つかった証拠から、ティラノサウルスを含む獣脚類のほとんどがすぐれた嗅覚を持っていたことが明らかになっている(120ページ)。嗅球(121ページ)が相対的に大きいことから、ほかの多くの恐竜より嗅覚がすぐれていたと考えられた。ティラノサウルス科は鋭い嗅覚を活かし、死骸であれ生きた獲物であれ、食糧のありかを嗅ぎつけていたのだ。

ティラノサウルスなどの大型獣脚類がすぐれた視覚を持ち、前方を両眼視できていたことはすでにお話ししたとおりだ(122ページ)。ティラノサウルスは、前方が両眼視でよく見えるよう、また立体視できる範囲を広げて獲物に焦点を合わせられるよう、頭を5~10度下に傾けていたと言われている。頭を下げると前方の両眼視の視野が、現在のタカと同じ55度にまで広がったという。

ティラノサウルスは内耳の構造から、とくに低周波の音を敏感に感知できたと考えられる。そのため、植物食恐竜のうめき声や低音の鳴き声がよく聞こえたようだ。

ティラノサウルスの半規管はかなり長く、その構造からバランス感覚がすぐれていたことがうかがえる。つまり、ティラノサウルスは俊敏に動くことができ、また、獲物から目を離さないよう頭を固定したまま走ったり、方向転換したりできたということだ。狩りをする鳥は離れた場所から標的をとらえ、回転したり方向転換したりしながらレーザーのように追尾し、急降下して素早く獲物を捕まえる。ティラノサウルスが狩りをするときも、横っ飛びしたり木の後ろに隠れたりする獲物を決して逃さないよう、こうした能力が必要だったのだ。

映画『ジュラシック・パーク』によると、徘徊するティラノサウルスに遭遇しても、じっと動かずに立っていればやり過ごすことができるという。しかし、実際はそうもいかないようだ。息をひそめてじっとしていても、ティラノサウルスはすぐれた視覚とバランス感覚を発揮し、獲物にロックオンして突進してくるのだ。

オハイオ大学のローレンス・ウィットマーは、「ティラノサウルス科の感覚は捕食の形態に適応したもの……つまり、目と頭の瞬時的な協調運動と、低周波音に敏感な聴覚を備え、さらに嗅覚器官もよく発達していたはずだ」と結論づけている。

最初の鳥と言われる
アーケオプテリクスの脳
脳の前部(左)から後部(右)へ、嗅覚野(オレンジ)、大脳(緑)、視葉(しょう)(赤)、小脳(青)、脊髄につながる脳幹(黄)が続いている。

ティラノサウルスの脳エンドキャスト

ティラノサウルスの脳は人間の脳よりも小さかった。体重5～9tもある巨体のわりにとても小さいため、知能がかなり低いような印象を受ける。しかし、ティラノサウルスの脳神経（黄）と血管（青）の痕跡が残る化石が見つかり、ティラノサウルスの脳の詳細が明らかになった。それによると、ティラノサウルスはすぐれた嗅覚（嗅球が大きい）とすぐれた視覚（視葉が大きい）を持ち、四肢と顎の運動制御（小脳が大きい）にもすぐれていたようだ。

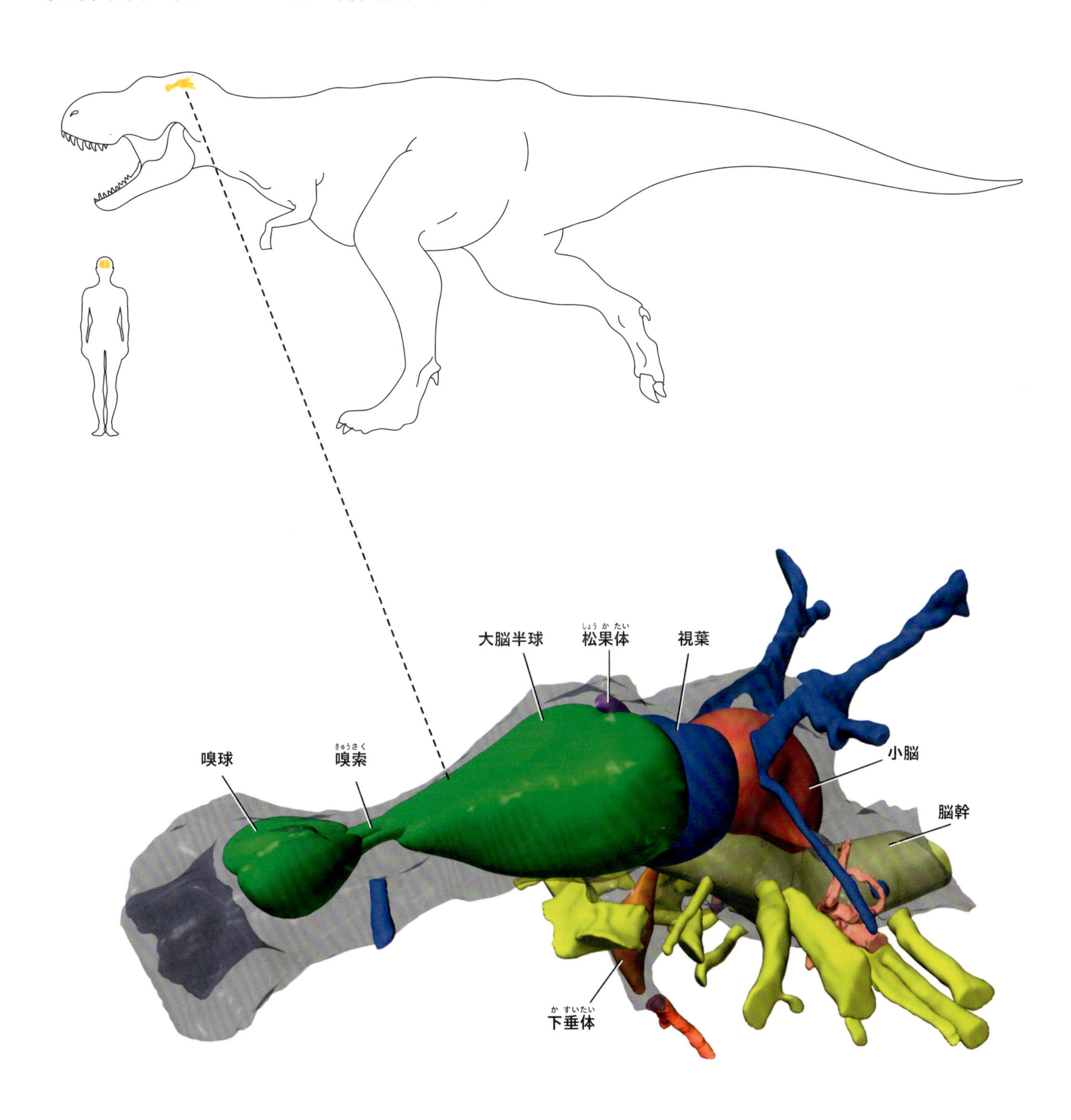

鳥類の脳と感覚

多くの恐竜やほかの爬虫類の脳が頭蓋冠全体に広がっているのに対し、鳥類の脳は後方に圧縮されている。しかし、鳥は思考を司る前脳と視覚野が大きい。この特徴は初期の鳥だったアーケオプテリクスにも見られる。アーケオプテリクスの脳は小さくまとまり、視覚、聴覚、平衡感覚の領域が大きかった。前脳も大きいことから、すでに飛翔し（102ページ）、複雑な生活環境に対応できる思考力を必要としていたということだろう。

鳥類のような脳が鳥類誕生以前から存在していたことは前述のとおりだ。オヴィラプトロサウルス類、ドロマエオサウルス科、トロオドン科、アンキオルニス科など、多くのマニラプトル類の獣脚類が樹上での複雑な生活に移行しようとしていて、その多くが実際に飛翔したり滑空したりできるようになっていたと考えられる（101ページ）。

その後、鳥類の脳は発達を続け、おそらく飛翔の運動性の向上を反映して前脳と視葉が大きくなった。しかし、白亜紀末に絶滅した鳥類のイクチオルニスは、絶滅を逃れた鳥類のような脳を持っていなかった。現代的な鳥類では大脳半球（前脳）がさらに拡大し、知能が高くなったことがうかがえる。

恐竜の脳には飛翔のための変化がほかにも見られたのだろうか。迷路には変化のあとが見られる。鳥類は迷路内の半規管の交差角度がより垂直になり、それぞれの半規管はより環状に近い。半規管はそれぞれ形状が異なり、前半規管はとくに大きな環状になっている。

半規管全体としては、恐竜の初期の祖先から形質にある種の進化が見られる。その進化はワニの系統から恐竜に受け継がれ、翼竜と類縁種を経て、鳥類特有の形状が発達したようだ。意外かもしれないが、多くの恐竜の骨迷路にも鳥類のような特徴が見られる。体の大きさのわりに迷路がかなり大きいのだ。こうした大きい迷路は、飛翔能力の

類縁の仲間を食べる
頭に脳がたっぷり詰まったヴェロキラプトルが、近縁種のマハカラを捕食している。マハカラもまた小型の捕食者で、すぐれた視覚、嗅覚、聴覚を駆使して狩りをしたり、ほかの捕食者から逃れたりしていた。感覚をいかに進化させて優位に立つか、まさに食うか食われるかの争いが繰り広げられていたのだ。

ない鳥を含む現生鳥類と、ほとんどの恐竜と数種の翼竜に見られる特徴だ。

これらの変化は、飛翔する鳥と飛翔しない恐竜に共通して見られるため、飛翔能力と結びつけて考えるのは乱暴だろう。全体的に大きい迷路と半規管の変化は、すぐれた平衡感覚、俊敏な動き、獲物にロックオンする能力など、地上の恐竜と空飛ぶ鳥の両方に備わる機能に関係していると考えられる。

半規管とその機能

恐竜の半規管と現生動物の半規管を比較すれば、その機能を知ることができる。下のグラフは、半規管の複雑な形質を2つの軸に沿ってコード化し、マッピングしたものだ。現生爬虫類のカメ、トカゲ、ワニと、鳥類の半規管は、形態空間の異なる領域に位置し、形状が異なることを示している。形状が異なる場合、機能が異なることも多い。

【注】x軸とy軸は半規管の形状変異の度合いを表している。

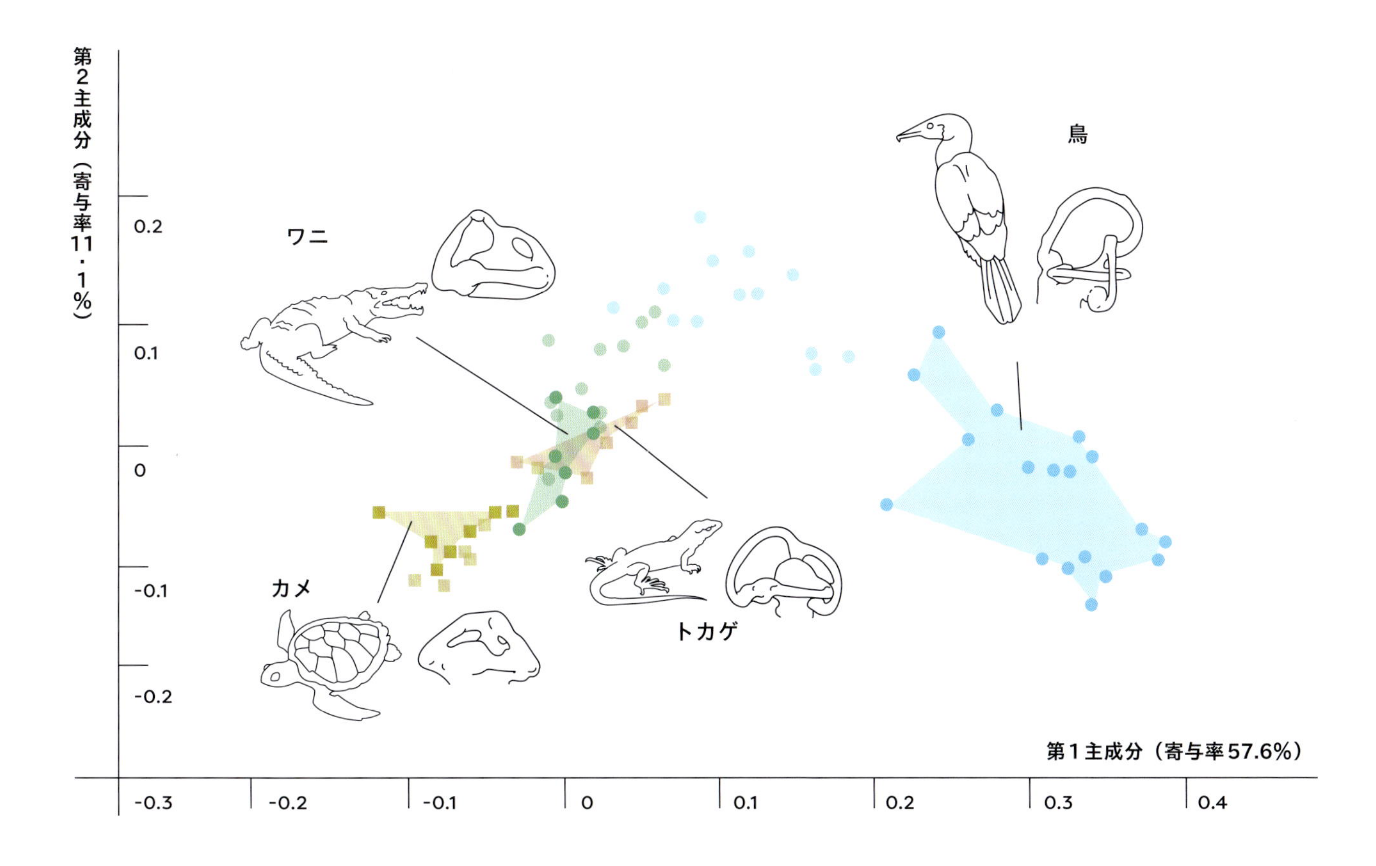

第5章 摂食行動

FEEDING

恐竜の食性

恐竜は植物、昆虫、ほかの動物や恐竜など、さまざまな資源を食糧としていた。恐竜の食性は植物食、肉食、雑食に分類される。

食物網や生態系ピラミッド（69ページ）など、恐竜の生態系を理解するためには、それぞれの食性を知ることがカギとなる。恐竜の食べ物を知るには、さまざまな時期に生息したさまざまな恐竜のグループの体の大きさと相対存在度を調査しなければならない。獣脚類がおもに肉食で、竜脚類と鳥盤類がみな植物食だったというのはよく知られているが、じつのところはそんな単純なものでもなかった。テリジノサウルス類とオヴィラプトロサウルス類など、獣脚類の多くが肉食から植物食に移行し、またアルヴァレスサウルス科などのグループが昆虫食だった可能性もある。初期の恐竜のいくつかは肉と植物の両方を食べる雑食性だった。

では、恐竜の食性を知る手がかりとは？　食性の証拠は歯や顎に残されている。また、胃の内容物や恐竜の糞を調べることもできる。現在では、コンピュータを用いた生体力学の手法で摂食方法を調べたり、骨の化学的性質から食性を推察したりもできる。

現在の動物群集を見れば、植物食動物の最大種が肉食動物の最大種よりも大きいことに気づくだろう。アフリカ大陸を例にとれば、ゾウが体重5～6tであるのに対して、最大捕食者であるライ

さまざまな大きさの捕食者
北アメリカの白亜紀後期のヘルクリーク層において、最大の捕食者はティラノサウルスで、2番目に大きかったのはアケロラプトルやレプトリンコスなどだった。ティラノサウルスとほかの捕食者の体サイズには大きな差があり、その中間の体サイズの肉食恐竜はいなかった。体サイズのギャップを埋めていたのはティラノサウルスの幼体だったと考えられる。

オンの体重は190kgほどだ。これと同じことが古代の哺乳類にも言える。しかし、恐竜の体サイズ比は一様ではなかった。初めは体サイズに多様性が見られたが、最終的にすべての恐竜が同じような体サイズになった。ジュラ紀の主要な植物食恐竜は巨大な竜脚類で、体重が10〜50tほどあったが、アロサウルスなどの捕食者は体重2t程度だった。やがて、巨大な竜脚類の数が世界的に少なくなり、白亜紀後期には植物食恐竜と肉食恐竜の体サイズの差が小さくなった。たとえばハドロサウルス科と捕食者のティラノサウルス科の体重はどちらも5〜8tほどだった。

こうした体サイズの差の変化から、白亜紀後期にはティラノサウルスなどの肉食恐竜が活発に狩りをしていたと考えられる。当時の北アメリカでは、植物食恐竜の平均的な体サイズが、肉食恐竜の体サイズの範疇にうまいぐあいにはまっていたのだ。また、植物食恐竜と肉食恐竜の体サイズのバランスがとれていただけでなく、両者の相対的な存在度も釣り合いがとれていた。現在の動物界と同じく、捕食者は自分と同じくらいの体サイズの獲物を狩っていたということだ。

肉食恐竜の体サイズの空白

1つの生態群集内には、小型動物から大型動物まで、ありとあらゆる体サイズの動物が存在しているように見える。肉食性の哺乳類では、とても小さいイタチから猟犬やハイエナと続き、最大捕食者のトラやライオンまで、さまざまな体サイズの種が存在する。捕食者はその中で身の丈に合った獲物を選んで狩っていると考えてよさそうだ。

2021年、ニューメキシコ大学の大学院生だったカット・シュローダーが、獣脚類の体サイズに関わる奇妙なことに気がついた。多くの化石群集内で、コエロフィシス科、ドロマエオサウルス科、オヴィラプトロサウルス類などの羽毛を持つ体重60kg未満の小型種と、アロサウルス科、シンラプトル科、アベリサウルス科、カルカロドントサウルス科、ティラノサウルス科など、体重1t超

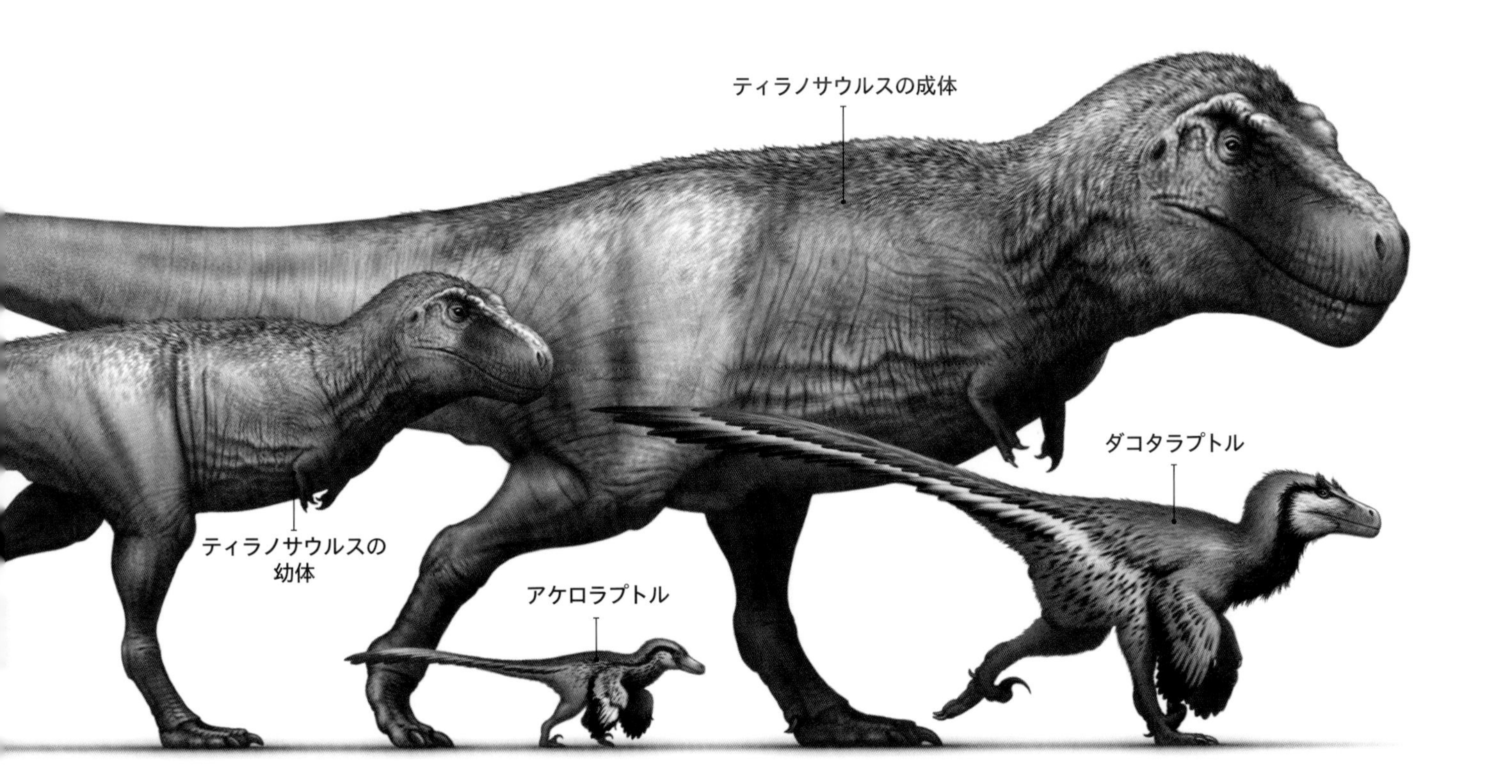

の大型種だけが大量に見つかっていたのだ。

中間の体サイズの肉食恐竜が見当たらないのはなぜだろう。研究者によると、中型の捕食者がいないのは、植物食恐竜にも中型種がいなかったからというわけではないようだ。植物食恐竜と肉食恐竜の体サイズの分布を比較してみると、明らかな違いが認められたという。植物食恐竜にはあらゆる大きさの種が存在したが、肉食恐竜は大型種と小型種の中間に空白ができていた。では、中型の植物食恐竜を食べていた肉食恐竜とは？

シュローダーらは、空白となっている100kg～1tの領域に巨大種の幼体が当てはまるのではないかと考えた。大型の獣脚類がフルサイズに到達するまでには5～15年かかったため、成長過程にあった大型肉食恐竜が中型種にあたる空白を埋

大きさは武器になる
モンタナ州のジュラ紀後期の地層であるモリソン層から見つかったバロサウルスの成体はとても大きく、どの捕食者にも襲われる心配はなかったが、幼体はアロサウルスなどに捕食された。

めていた可能性がある。

ジュラ紀から白亜紀にかけては、肉食恐竜の体サイズのギャップがしだいに広がっていったようだ。ジュラ紀の捕食者は10代の亜成体でも親と同じくらいの体サイズだったが、白亜紀後期には捕食者の巨大化が進んでいたため、成体サイズに到達するまでにより長く時間がかかり、成長過程にある幼体や亜成体が体サイズの空間を埋めていたと考えられる。

こうした研究は、恐竜の成長に新しい見方を示すものだ。哺乳類の赤ちゃんは年上の幼体や成体の周辺で成長し、体サイズに劇的な違いは見られないが、恐竜は違う。恐竜は産卵し、卵のサイズは成体の大きさを考えるとかなり小さい（176ページ）。また、孵化した恐竜の赤ちゃんは安全のために親から離れて自活していたと考えられる。そして、生まれてから巨大な成体になるまでの各段階で、まるでまったく異なる種であるかのように、摂食様式を次々と変化させていったのだ。

これが、恐竜群集内の種の数が予想外に少ない理由の1つと考えられる。各成長段階にある1つの種が、食物連鎖の中でまったく別の種であるかのようにふるまっていたというわけだ。

歯と顎

肉食恐竜はギザギザの縁を持つカーブした鋭い歯を備えていた。一方、植物食恐竜は一部で尖った部分を持つ場合もあるが、基本的には鋭利でない歯をもち、咀嚼よりも切り刻むことに向いていた。

歯の形状を見れば、その恐竜が植物を食べていたか（植物食)、肉を食べていたか（肉食）わかる。これは恐竜以外のすべての脊椎動物にも言えることだ。ネコやイヌの歯は鋭く尖っているが、ウシやウマの歯は丘状だ。人間の顎にはさまざまな歯が備わり、鋭い切歯（せっし）と犬歯（けんし）は食物を噛み切ったり肉に突き刺したりするのに向いていて、奥に生えた丘状の臼歯（きゅうし）は咀嚼に適している。

ほとんどの爬虫類は、哺乳類のような切歯、犬歯、臼歯を持たず、顎の前方から後方まで同じ種類の歯が並んでいる。恐竜の歯を調べるときは、顎から露出した歯冠（しかん）と呼ばれる部分と、顎に埋まった歯根（しこん）と呼ばれる部分をそれぞれ観察する。

肉食恐竜の歯は先が鋭く尖って後方へカーブし、前後の縁にステーキナイフのようなギザギザ（鋸歯（きょし））がある。肉食恐竜の歯が後方へ曲がっているのは、獲物を効率よく喉の方へ送り込むためだ。獲物が抵抗すればするほど、尖った歯が肉に深く食い込み、さらに口の奥へと入り込んでしまうのだ。

植物食恐竜はさまざまな種類の歯を持っていた。歯根が長い木の葉型の歯もあった。歯冠がほぼ左右対称の三角形で、植物を噛み切りやすい粗い鋸歯状が周囲にあり、茎や小枝を分離しやすいよう中央に稜を持つものもあった。鳥脚類の歯は、歯冠が低いアンキロサウルス類やステゴサウルス類の歯よりもやや高かった。竜脚類の歯はほぼ2種類に分類される。ディプロドクスやブロントサウルスなどは、鉛筆のような長い歯が口の前部から前方へ突き出していて、木の枝から葉をむしりとるのに適していた。カマラサウルスやブラキオサウルスなどは、スプーン型の歯が顎全体に並んでいた。

歯と顎から知る食性
ハドロサウルス科（下）のデンタルバッテリーは、1つの歯槽に7～8つの歯が常に控えていて（140ページ）、硬い植物もその強力な歯で切り刻むことができた。ティラノサウルス（上）の頭骨には、肉食動物に特有のカーブした長く鋭い歯が並んでいた。獲物を仕留めて肉を切り刻むのに適している。

ハドロサウルス科のデンタルバッテリー構造

ハドロサウルス科は、カモのようなくちばしを持つ白亜紀後期の鳥脚類恐竜で、植物食恐竜の中で最も驚異的な歯の持ち主だった。ほかの爬虫類とは違い、上下の歯で食べ物を切り刻んでから飲み込んでいたようだ。この動きは哺乳類の咀嚼に類似し、哺乳類が栄えた理由の1つがその咀嚼能力だった。咀嚼すれば食物から最大限の栄養を吸収することができる。

ハドロサウルス科は、顎を開け閉めする際に顎骨（がっこつ）をわずかに横方向に動かすことができた。この横方向の動きによって、歯で植物の茎を細かく切り刻んでから飲み込むのだ。最近の研究で、ハドロサウルス科の顎と歯は6つの異なる物質でできていたことがわかった。歯そのものは、エナメル質、象牙質、2種類のセメント質の4つの硬組織でできていた。人間の歯も象牙質でできていて、

肉食恐竜の歯
獣脚類のマジュンガサウルスは鋭く尖った歯で肉を食いちぎることができた。顎を閉じたときに厚い唇が歯にかぶさったと考えられているので、このイラストでも歯の先端だけが見えている。

表面がつややかなエナメル質でコーティングされ、セメント質で顎に固定されている。ハドロサウルス科の場合、2種類のセメント質は歯を固定するだけでなく、食物をすり潰す面の一部も作り上げていた。

ハドロサウルス科の歯にはほかにも2つの硬組織があった。歯の中心部の細管内部を満たす組織と2種目の象牙質だ。研究の結果、ハドロサウルス科の歯が史上最も複雑な歯の1つだったことがわかった。力学的実験によると、異なる種類の象牙質、エナメル質、セメント質はそれぞれ咬耗率が異なるため、歯が稜状になって食べ物を噛みちぎりやすくしていた。このように複数の稜を持ち、常に鋭い状態が保たれる複雑な歯は、それまでゾウやウシなど完全植物食の哺乳類でしか知られていなかった。

さらに、ハドロサウルス科の歯には哺乳類の歯よりすぐれた点があった。ハドロサウルス科の恐竜たちは、生涯にわたって歯が生え変わり続けたのだ。

歯の生え変わり

哺乳類の歯は生涯に1度だけ生え変わる。歯がない状態で産まれ、乳歯が生え、やがて永久歯に生え変われば、それ以降は死ぬまでその歯を使い続けるのだ。人間は歯磨きや適切なデンタルケアをしないと、永久歯が虫歯になって失われてしまう。野生の哺乳類は入れ歯が使えないので、年老いたシカやゾウは歯を失うと死んでしまう。

このような歯のシステムは哺乳類特有のものだ。鳥類や爬虫類のほとんどは歯が常に生え変わっている。歯が摩耗すると下から新しい歯が生えてくるのだ。ハドロサウルス科など何種類かの恐竜は、1つの歯槽に7〜8つの歯を持つデンタルバッテリーを備え、歯が古くなると新しい歯に入れ替わっていた。

獲物と格闘しなければならない肉食恐竜にとって、歯の生え変わりは大きな問題であった。現在のサメと同じく、肉食恐竜の歯は簡単に割れたり抜け落ちたりした。白亜紀後期のマダガスカルに生息していた大型獣脚類のマジュンガサウルスは、顎の骨の成長線から歯が2か月ごとに生え変わっていたことが明らかになった。大型の捕食者にとってこれが標準的な頻度なのか、それとも標準より速いペースなのかはわかっていない。

検証 有限要素解析で顎を調べる

恐竜の顎の機能や強度をテストできれば、「ティラノサウルスの咬合力はどれくらい？」「ティラノサウルスは頭を左右に振って獲物の肉を骨からはがしていた？」といった難問にも答えることができる。そこで活躍してくれるのが、工学分野で一般的に用いられる有限要素解析（FEA）やマルチボディダイナミクス（多体動力学解析）だ。

有限要素解析はおもにビルや橋、航空機など、大きな構造物を設計するときに用いられる。同じ構造物を異なる物質で建築した際にどのような構造性能を発揮するか試験するものだ。可動パーツを含むマシーンでは、各パーツの連動試験に役立てられる。ブリストル大学のエミリー・レイフィールドはこの手法を用いて、恐竜の顎のさまざまな機能を解析した。解析ではまず頭骨をスキャンする。スキャンはX線を用いたCTスキャンか（108ページ）、あらゆる角度の画像を撮影して3D画像のようにつなげるサーフェススキャンのいずれかで行われる。撮影した画像は、化石のひずみなどがあれば調整したり、欠損した箇所があれば、左右対称な頭骨の適合する部分をモデリングして補ったりする（たとえば右頬骨が欠けている場合は左頬骨のスキャンデータを反転させて右の欠損部を補填する）。

頭骨のデジタルモデルが完成すれば、数百〜数千個の要素に分割する。ワイヤーモデルやメッシュモデルのように分割されたモデルの歯、緻密骨、空洞のある骨などに、それぞれ異なる材質を適用し、さまざまな種類の食物を食べるときにかかる力をテストする。

3種の獣脚類の頭骨を比較したレイフィールドは、最大のストレスがかかる領域（下図の黄〜赤色の暖色で示された部分）が、コエロフィシスとアロサウルスではほぼ共通し、ティラノサウルスは異なることを突き止めた。ティラノサウルスは吻部に最もストレスがかかり、その部分の骨は癒合し強化されていた。コエロフィシスとアロサウルスはさらに後方の眼窩の上に最大のストレスがかかっていた。こうした違いから、獣脚類の種がそれぞれ異なる咬合の特色を持っていたことがわかる。アロサウルスの咬合は軽くて速く、ティラノサウルスの咬合は重厚で力強かった。

マルチボディダイナミクスによる計算では、ティラノサウルスの咬合力が35,000 〜 57,000N、つまり4〜6.5tだったことが明らかになった。これはホホジロザメの10倍にあたる咬合力だ。

コエロフィシス　**アロサウルス**　**ティラノサウルス**

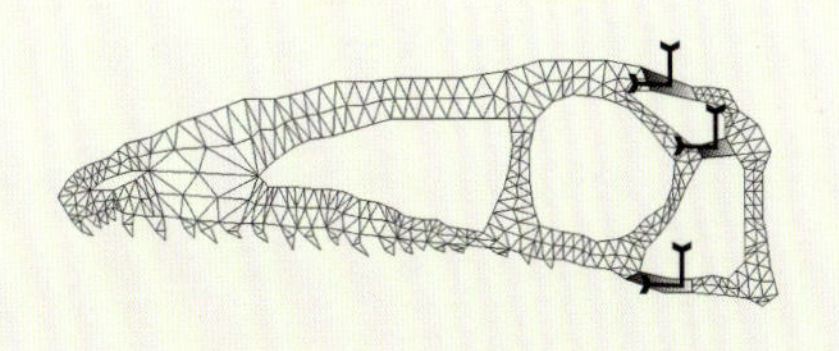

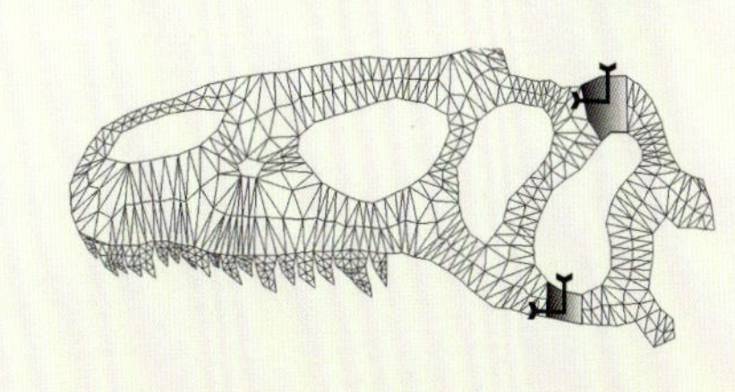

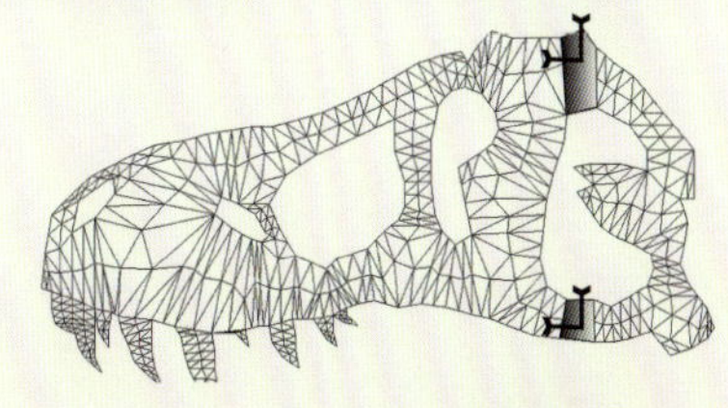

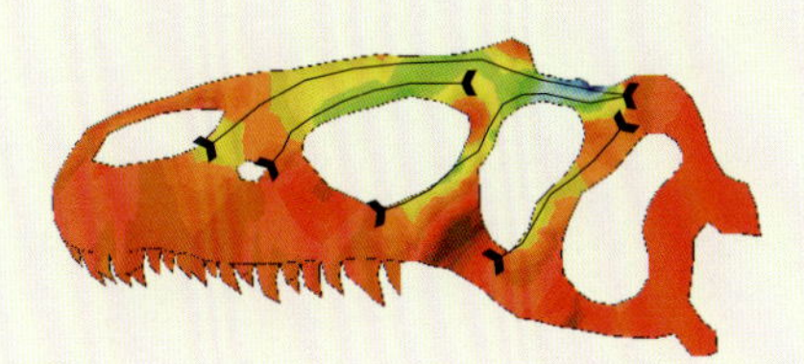

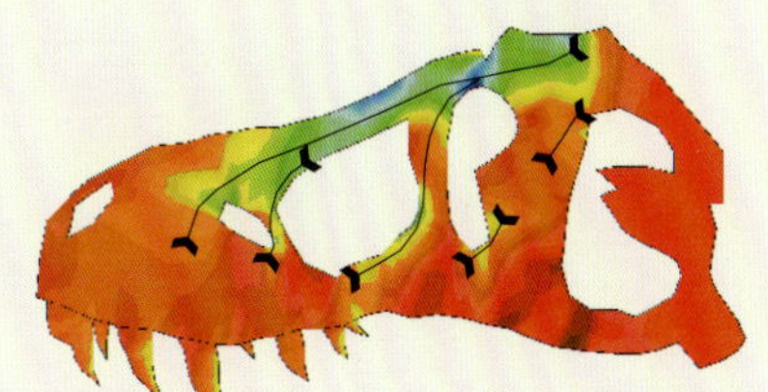

恐竜の食性を示す証拠

恐竜の食性は、歯や顎、消化器官に残った食べ物や吐瀉物の化石、さらには糞石から特定することができる。近年では化学的な分析も新たな証拠として用いられるようになった。

恐竜が食べていた物はどうすればわかるのだろう。すでにお話したように、歯を調べればおおまかな食性がわかり、有限要素解析によって顎の動きも知ることができる。しかし、恐竜の食事をもっと直接的に観察できる「物的証拠」はないのだろうか。

古生物学者が用いるのは基本的な生態系の情報だ。食性を調べたい恐竜と共生していた動植物を調べるのだ。たとえば、植物食恐竜のトリケラトプスの骨格が見つかれば、その周辺にシダの葉、針葉樹の葉や茎や種子、初期のバラやミズキなどの被子植物など、植物化石の証拠がないか調査する。ただし、それらの植物は植物食恐竜の食事のメニューにはなり得るものの、トリケラトプスがそれを好んで食べていたという証拠にはならない。

食性の直接的な証拠になるのは、噛み痕、胃の内容物、胃石、吐瀉物や糞だ。恐竜の糞から寄生虫が見つかれば、それが恐竜の病気を知る手がかりになる。また、恐竜の食性を示す新しい証拠として、骨の化学成分の研究も行われている。

咬まれた傷跡
ティラノサウルスがハドロサウルス科のエドモントサウルスの尾を噛み切ろうとしている。エドモントサウルスは傷を負いながらもなんとか逃げきったが、尾椎にはティラノサウルスの歯が刺さったままだ。やがて傷は癒えて数年は生きたが、歯が刺さったままの尾はいつまでもうずいたことだろう。

咬み痕

　咬み痕が残っている場合、獣脚類の食性を知る貴重な証拠となる。植物の葉に恐竜の咬み痕が残っている例は今のところ報告されていないが、恐竜の咬み痕がついた骨はこれまでに多数見つかっている。歯が骨に真っ直ぐ入った咬み痕なら歯の形状がわかるだろうし、歯で骨を引っ掻いたような痕があれば、鋸歯の間隔を知ることができる。これらの手がかりは、捕食者の正体を突き止めるために役立ってくれる。

　フロリダ州にあるパームビーチ自然史博物館のロベルト・デ・パルマが発表したハドロサウルス科の2点の尾椎骨（びついこつ）は、ティラノサウルスの歯の咬み痕が残るすばらしい標本だ。ハドロサウルス科の恐竜がティラノサウルスの襲撃を逃れてしばらく生き延びたが、椎骨に刺さった歯の欠片が感染症を引き起こし、傷の周辺に重い骨病変が生じている。

　ティラノサウルスの咬み痕が残ったティラノサウルスの骨も見つかっている。これはティラノサウルスが共食い、もしくは過激な縄張り争いをする種であったことを示す貴重な証拠と考えられている。

胃の内容物、胃石、吐瀉物

恐竜の最後の食事が胃の内容物として見つかることはごく稀だ。消化器官を含む内臓が軟組織でできているため、動物が死ぬとまもなく腐敗してしまうのだ。また、恐竜の死骸はすぐに腐食動物やデトリタス食の昆虫の餌食となり、胃の中で消化された食物と一緒に内臓が食べられてしまう。植物食恐竜と肉食恐竜はいずれも死後に、内臓に腐敗ガスが溜まって爆発を起こすことがある。現在でもゾウやクジラの死骸が爆発し、肉の塊と腐った胃の内容物が飛び散って周りの人々に被害を及ぼしたりしている。

しかし、カナダのアルバータ州の白亜紀前期の地層から見つかったアンキロサウルス類のボレアロペルタの骨格には、最後の食事が良好な状態で保存されていた。高粘度の鉱物油を含むオイルサンドに足をとられ、巨体がそのまま地中の油層に沈んで肉が保存されたのだ。

ボレアロペルタは全長5.5mほどの恐竜で、全身が大小さまざまな骨の装甲で覆われていた。三日月刀のような鋭い縁を持つ皮骨板も見られたが、ボレアロペルタは気性のあらい恐竜ではなく、シダの葉を主食とし、針葉樹やソテツの葉を食べていたことが胃の内容物からわかっている。研究者たちを驚かせたのは、胃の中の植物の葉や小枝が木炭になっていたことだ。恐竜は燃えたあとの植物を食べていたのだ。つまり、恐竜の生息地で森林火災が発生したということだ。葉や種子の生育状態から見て、ボレアロペルタがこれを食べたのは春か初夏で、その頃に森林火災が起こったと推察された。

胃の中からは胃石も見つかった。現在の鳥類は食物の消化を助けるために砂や小石を飲み込む。鳥類はもちろん歯を持たず、ニワトリは農場の地面をつついて穀物と一緒に砂粒を食べる。砂粒は喉を通って砂嚢と呼ばれる器官に送られる。砂嚢では素嚢の筋肉と石の圧迫作用によって穀物や硬い食物がすり潰される。やわらかくなった食物は胃に送られ、消化されて養分が抽出される。ワニ

胃石
白亜紀の中国北部に生息していた水鳥のガンススの胸郭内にも胃石が見つかった。この鳥の胃石は丸くて小さく、消化器系内で植物をすり潰して消化を助けていたと考えられる。おそらく初期の鳥や恐竜には、現在の鳥類と同じように、植物が胃へ運ばれる前に通過する素嚢という特殊な器官があり、食べた物を石ですり潰していたのだろう。

古代の吐瀉物
これは最古の恐竜の吐瀉物だろうか。トカゲのようなプロトロサウルス類の骨が見える。砕かれた骨が並んでいる様子から、初期の恐竜に食べられて、部分的に消化されたのちに吐き出されたと考えられる。

やアザラシ、アシカなども胃石を飲む。

恐竜にはおそらく砂嚢はなかったが、植物食恐竜をはじめとする多くのグループが、鳥類のように小石を飲み込む習性を持っていたようだ。ただし、体が大きかったため飲み込む石も大きく、だいたい直径数cmのものが多かったようだ。恐竜の胃石を同定するのは難しい。骨格化石のすぐそばに落ちているただの小石と区別しなければならない。胃の中でのはたらきから考えて、胃石は角が取れて光沢があり、内臓が収まっていた胸郭内に保存されているはずだ。

恐竜の吐瀉物はどうだろう。恐竜も食べ物を吐き出すことはあっただろう。その証拠もいくつか残っている。恐竜の吐瀉物はペリットと呼ばれる。ペリットとは、肉食動物が小型動物を噛み砕いて食べた際に、消化しきれずに吐き出した骨などをいう。フクロウのペリットにくわしい鳥類学者によると、フクロウは小型の哺乳類を捕食し、体内で獲物を細かくすり潰したあと、毛と骨の塊を吐き出すのだという。イタリアの白亜紀後期の地層で見つかった恐竜のペリットには、トカゲによく似たプロトロサウルス類の骨が含まれていた。

吐瀉物の多くは液状なので、化石として残ることはない。ジョージア州エモリー大学のトニー・マーティンは、ブラキオサウルスが吐瀉した場合を想定して計算を行った。ブラキオサウルスの頭は地上14mの高さにあり、胃の内容物の重さは最大50kgと推定されることから、吐瀉物が地面に到達するときにかかる力は7t以上になるという。頭上に注意が必要だ！

石を飲み込む
白亜紀前期のアンキロサウルス類であるボレアロペルタが小石を集めている。植物を胃の中ですり潰すために胃石が必要なのだ。恐竜の顎関節は単純な蝶番型で、顎を左右に動かし咀嚼することができなかった。そのため、小さな石を飲み込んで胃の消化を助け、養分を抽出する消化システムを構築していたのだ。

コプロライト（糞石）

恐竜の糞は非常に興味深い。食性の手がかりとなるほかの証拠と違って比較的見つけやすい。小さな骨が大量に集中したボーンベッドと呼ばれる発掘現場では、恐竜の糞の化石、いわゆるコプロライト（糞石とも）が豊富に見つかることがある。コプロライトはリン酸塩を多量に含んでいることがある。かつて、魚類や海棲爬虫類のコプロライトとともに浅い海底に埋まっていた恐竜のコプロライト層が、農業用堆肥として採掘されていた時代があった。イギリスのイプスウィッチでは現在も、肥料工場が建っていた「コプロライト通り」にその名残を見ることができる。

コプロライトの難点は、植物の断片や骨の欠片など価値ある証拠が含まれていても、落とし主を正確に特定できないことだ。インドのビーバル・サーニ古植物研究所のヴァンダナ・プラサードが、インドの白亜紀後期の地層から竜脚類のコプロライトを発見した。それがとても小さいペリット状のコプロライトだったことから、その恐竜がウシのような水分の多い糞ではなく、ウマのようなボール状の糞をしていたと考えられた。意外にも、そのコプロライトからはさまざまな草の種子が見つかった。その時代には草本がまだめずらしく、恐竜の食物になっていたとは考えられていなかったが、コプロライトの中に恐竜が草本を食物としていた証拠が保存されていたのだ。

最も貴重な恐竜のコプロライトが見つかったのは1998年のことだった。発見者は当時モンタナ州ボーズマンにあるロッキー博物館の研究員だったカレン・チンだ。長さ43cmもあるティラノサウルスの巨大コプロライトで、チンはそれを「コプロライトの親分」と呼んでいる。亜成体の鳥盤類恐竜の骨が含まれていたが、その種の特定には至らなかった。獲物の骨が胃酸によってあまり溶解されていなかったことから、ティラノサウルスが現在のワニのように完全には獲物を消化できなかったと考えられた。当時のチンは「これがティラノサウルスのコプロライトだという確信があるが、正確に誰のものなのか特定するのは難しい」と語っている。

恐竜のコプロライトは大人気で、フロリダには専門の博物館、Poozeum（プージアム）〔うんち博物館〕があるほどだ。その博物館はさらに大きなティラノサウルスのコプロライトを報告した。その立派なコプロライトは長さ67cmもあり、博物館のオーナーに因んでバーナムと命名された。

感染症と寄生虫

恐竜はさまざまな病気に苦しんでいたが、その多くは食事に原因があった。ニューメキシコ大学のユアン・ウルフらが2009年の論文で、ティラノサウルスとその近縁種の顎に見られる感染症について発表した。顎の骨の多くに同じくらいの大きさの丸い穴が多数開いているのが見つかったが、当初はそれが咬み痕だと考えられていた。しかし、それらの穴は整然と並んでいたわけではなく、顎の骨全体に広がっていた。より詳細に調べると、穴の縁に継続的な環状の成長痕が見られた。つまり、その個体は顎に開いた穴が原因で命を落としたのではなく、その後も成長を続け、ある種の治癒反応が骨の成長痕として残ったということだ。

現生鳥類に関する獣医学の文献から、そのような穴はトリコモナスと呼ばれる寄生虫が原因で現れることがわかった。トリコモナスは現生鳥類の咽頭潰瘍や骨の感染症を引き起こすという。寄生虫は獲物や同じ種の仲間を介して広がることがある。ティラノサウルスが寄生虫に感染した獲物の肉を食べたり、獲物の顔に咬みついたりすると、その個体によって寄生虫が群れに持ち込まれて蔓延することになるのだ。しかし、ブルース・ロスチャイルドらは2022年、ティラノサウルスの顎の骨に見られる穴は別の恐竜による咬み痕だと改めて主張し、ウルフらの説に異議を唱えている。

世界最大級の糞
全長43cmもあるティラノサウルスのコプロライトには、ティラノサウルスが食べた植物食恐竜の砕かれた骨が含まれていた。

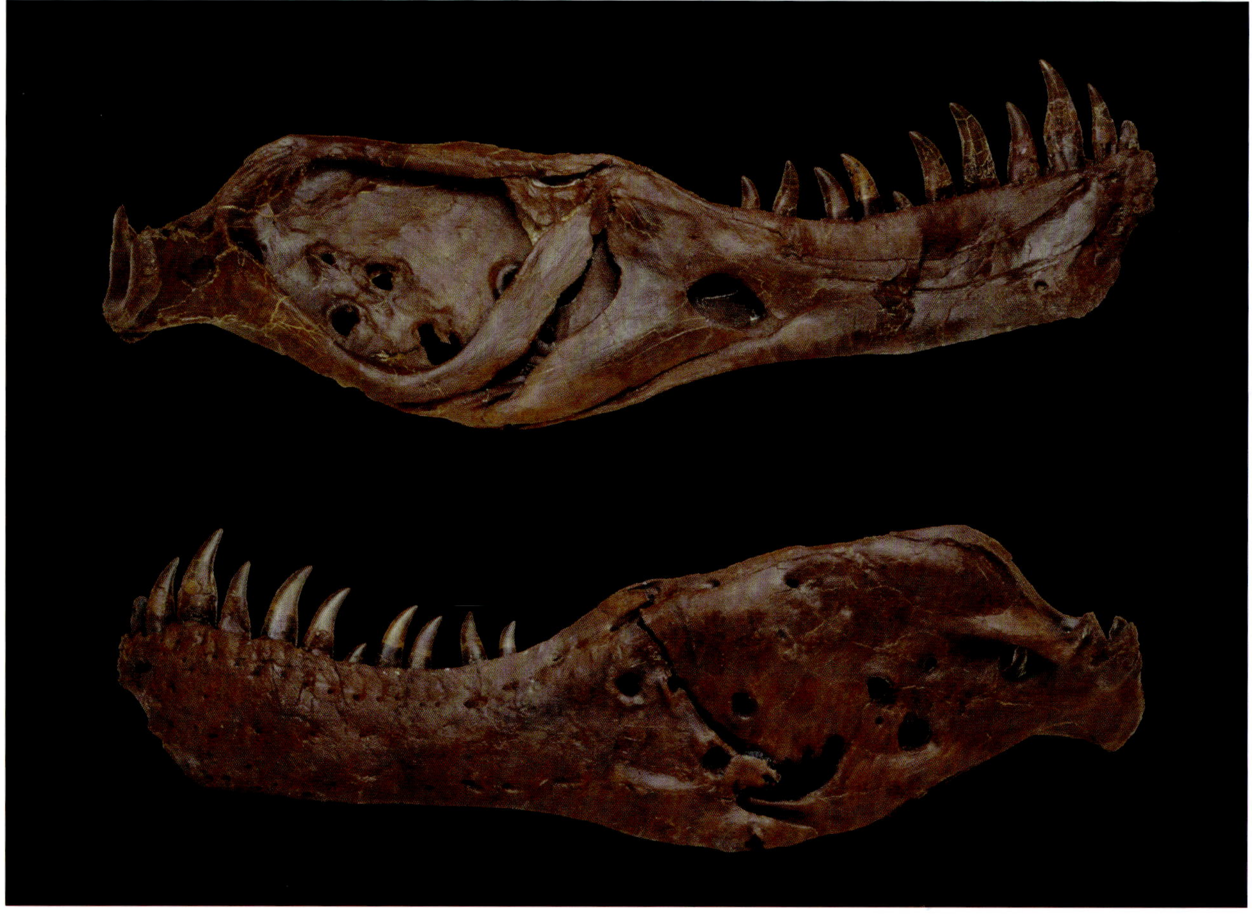

寄生虫による影響は骨だけに現れていたわけではなく、コプロライトにもはっきりと残されていた。現在の野生動物は、内臓に寄生するあらゆる寄生虫に苦しめられている。なかでもたちが悪いのがサナダムシ（条虫）と呼ばれる寄生虫だ。動物の内臓内部に固着し、鳥類やワニ類などが摂取した食物を食べて生き続けるのだ。

サナダムシは酸素を必要としないため、空気のない真っ暗な体内でも生きられる。かなり長くなるまで成長することもあり、体の後方を分離して数を増やし、糞とともに排出されるため、その糞に鼻を近づけた動物も感染してしまう。イヌはサナダムシの宿主になりやすいため、定期的な駆虫が必要だ。

かつてサイエンスライターのカール・ジンマーから、恐竜にサナダムシは寄生していたかと尋ねられたことがある。寄生していたと考えてほぼ間違いないだろう。では、恐竜に寄生した場合、サナダムシはどれくらいの長さまで成長しただろう。人間に寄生したサナダムシは、最長25mにまで成長して内臓内部で丸まり、体内に取り込まれた食べ物を消費するため、宿主の健康を著しく害す。最悪の場合、最大30年も宿主に寄生して不自由なく成長を続ける。恐竜に置き換えて考えれば、おそらく数十mにまで成長していただろう。

恐竜の糞からは腸内寄生虫も見つかっている。ある調査で、コプロライトをすり潰して酸で鉱物を溶かし、有機物の残骸を顕微鏡で観察したところ、原生生物と、3種類の吸虫と線虫の卵が見つかった。それらは、汚染された飲料水を介して現生動物や人間の体内に侵入する寄生虫に似ていた。

寄生虫は宿主の糞から広がっていく。ほかの動物がその糞に触れたりにおいを嗅いだりしても感染するし、糞が川に流れ込んで原生生物や卵が成長すれば、その水を飲んだ動物の体内へ侵入する。寄生虫の卵は温暖で湿潤な環境で孵化する。つまり、動物の内臓内部は最高の生息環境なのだ。

恐竜を悩ませた寄生生物はこれだけではない。中生代には蚊やその他の吸血昆虫も存在した。現在の大型哺乳類がアブに咬まれたり血を吸われたりするように、恐竜もそれらの寄生生物に大いに悩まされていたことだろう。

穴だらけの顎

ティラノサウルスの頭骨（上）の下顎に大きな丸い穴が開いている。さらに拡大して顎の内側と外側を見てみると（下）、穴が骨を貫通し、縁が盛り上がっているのがわかる。つまり、これらはティラノサウルスが生きていたときに開いた穴で、損傷を受けた周辺の骨が再生しようとしていたということだ。これらの穴は、現生鳥類の咽頭潰瘍や骨の感染症を引き起こす寄生虫が開ける穴と同じであると考えられている。

検証 同位体から食性を探る

ここまで、恐竜の食性の手がかりとなるさまざまな化石証拠を見てきたが、現在は新しい化学的アプローチも導入されている。考古学者は古代の骨や歯の炭素、酸素、窒素、鉛など特定のありふれた元素を測定し、初期の人類の起源を特定する。たとえば、岩石や土から水に流れ込む鉛の数値は地域によって異なる。その水を摂取すると骨に化学的痕跡が残るため、古代人の骨格を測定すれば、その人物がドイツ生まれのイングランド育ちだと特定することができる。つまり、数値は成長とともに変化し、その変化が骨に刻まれるということだ。

質量数が異なる原子同士を同位体といい、炭素や窒素などの同位体の存在比から古代の食性を紐解くことができる。下のグラフでは、炭素同位体比が大きくなるにつれ、一般的な植物（C3）を食べる植物食から、雑食（なんでも食べる食性）、肉食、魚や貝など海棲動物を食べる食性、そして、トウモロコシやサトウキビなどの植物（C4）を食べる食性へと移行している。

窒素同位体比は、ウサギからキツネ、サケからアザラシといったぐあいに、食物連鎖の上へいくほど大きくなる。植物と二枚貝の窒素同位体比は小さい。これらが食物連鎖の上の階層に食べられると（69ページ）、同位体比はより大きくなり、さらに上の肉食動物ではさらに大きくなる。

恐竜研究でも同じような手法を取り入れているが、同位体比の差がごく僅かであることから測定が難し

窒素・炭素同位体比と食性
炭素同位体比（δ^{13}C）と窒素同位体比（δ^{15}N）を測定すれば、動物がどの植物を食べ（グラフの横軸）、食物連鎖のどこに位置していたか（グラフの縦軸）を知ることができる。例えば、炭素同位体比は異なる仕組みの光合成をするC3植物とC4植物のうち、ほとんどの植物を含むC3植物の方が低く、トウモロコシやサトウキビ、ソルガム（タカキビ）など、人間が食べる穀物が含まれるC4植物の方が高くなる。また、窒素同位体比は海藻、二枚貝、小さい魚、サケ、アザラシ、セイウチの順で食物連鎖の上位ほど高くなる。

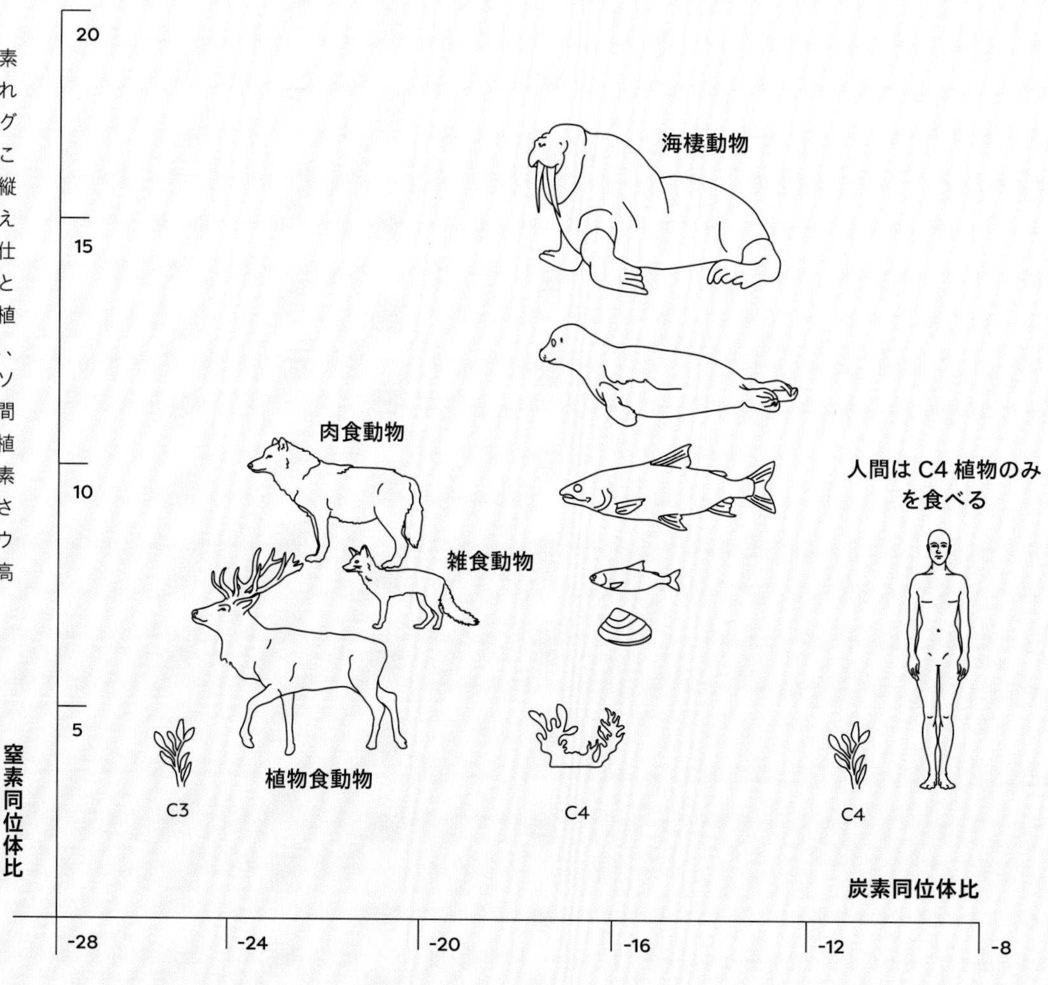

く、さらに炭素と酸素の同位体比が摂取した食べ物や水だけでなく、気候の影響も受けるため注意が必要だ。にもかかわらず、恐竜の食性が変化した注目すべき事例が報告された。

中国の白亜紀前期の地層で見つかったリムサウルスは、幼体には歯があるが、成長とともに歯が抜け落ちてくちばしが発達していた。それは、リムサウルスの幼体が肉食で、成体になると雑食か植物食に変化していた証拠だと考えられた。

そこで研究者たちは、リムサウルスの幼体から成体までの標本の酸素と炭素の同位体を測定し、食性が明らかになっている恐竜の同位体との比較分析を行った。下のグラフでは、肉食恐竜と植物食恐竜は異なる領域に分布している。リムサウルスの幼体は肉食恐竜の領域の端に位置し、成長すると植物食の領域に入っているのがわかるだろう。このように、現代の科学は古代の謎を解き明かすツールとなってくれるのだ。

食性の変化

恐竜が成長するとともに肉食から植物食に変化したとどうしてわかるのだろう。その秘密は歯や骨の同位体比にある。現生動物の歯と骨の酸素と炭素の同位体比のバランスは、食性によって変わることがわかっている。小型獣脚類のリムサウルスは、幼体（緑丸）から亜成体（黄丸）までの成長段階で、食性の変化による比の違いが現れている。幼体時代は肉食で（獣脚類恐竜のピンクの領域に寄る）、成長すると植物食になった（植物食恐竜の緑の領域）。

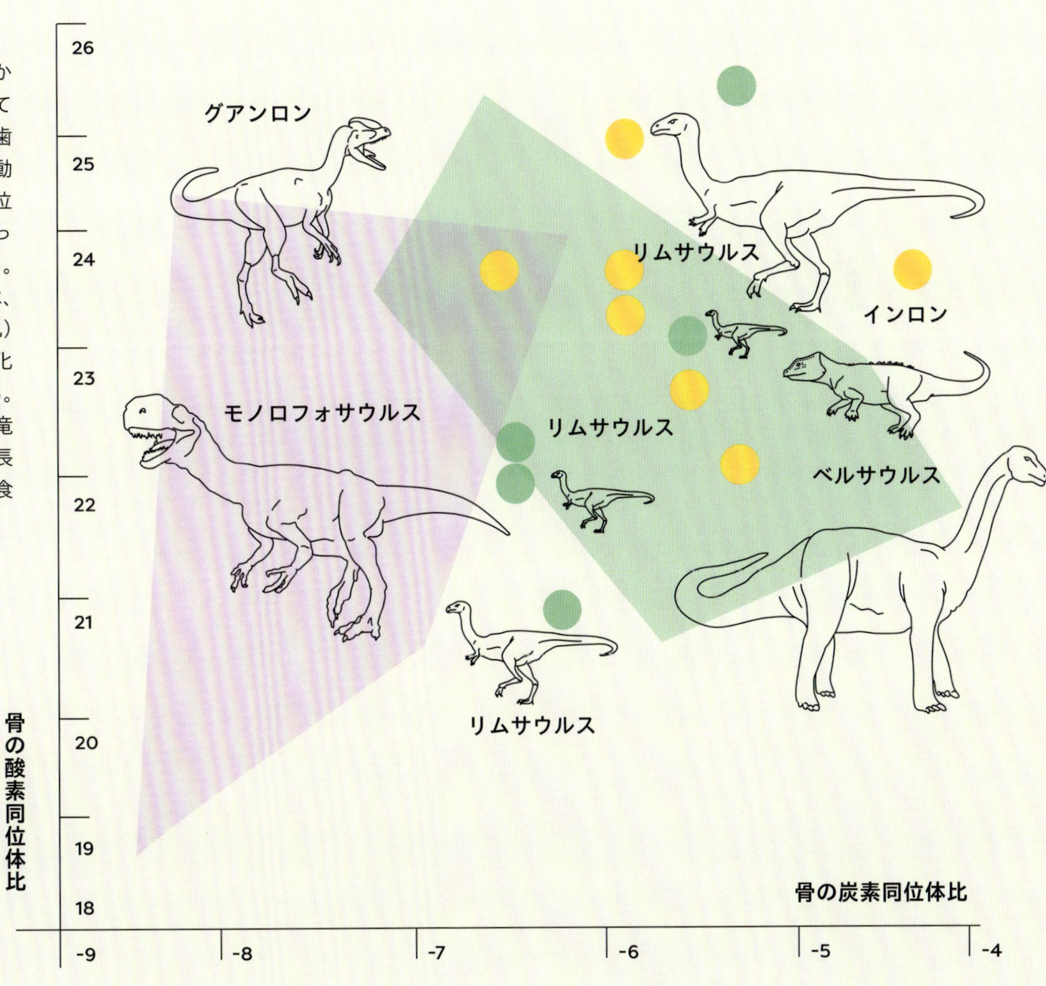

植物食

植物食恐竜の歯を調べれば、その恐竜が食べていた植物の種類を推定できるが、恐竜の糞と生息地に生育していた植物化石がさらに確実な証拠となってくれる。

中生代の植物は、葉、茎、根、木の皮、種子、胞子などの化石から知ることができる。それらには、コケ、シダ、トクサ、イグサ、ソテツ、イチョウのほか、マツやセコイアなどの針葉樹も含まれ、その多くの葉は食べることができた。これらの中には、現在ではめずらしいものがある。ソテツは木の幹の上にシダのような葉がしげる木本植物だ。イチョウは現在も中国に自生しているが、中生代にはより多様だった。

白亜紀の代表的な出来事と言えば、顕花植物、つまり被子植物が誕生し繁栄したことだ。現在では被子植物は30万種を超え、世界中のいたるところで見ることができる。被子植物には針葉樹をのぞく木と小さな植物が含まれ、すべてが花を咲かせる。また、穀物、キャベツ、根菜などの一般的な食用植物も被子植物に含まれる。白亜紀になると、被子植物は陸で繁栄し、やがてめずらしい草本も見られるようになった。

しかし、インドでコプロライトが見つかった竜脚類をのぞき（146ページ）、恐竜はほとんど被子植物を食べず、シダ、トクサ、イチョウ、針葉樹をおもに食べていたようだ。これは、恐竜が単に好みにうるさかったからではなく、顎と歯の構造が特定の植物を食すのに特化していたからだろう。ハドロサウルス科のデンタルバッテリー構造は、針葉樹の葉をすり潰すためのつくりになっていたため、主食をほかの植物に容易に変えることができなかった。また、被子植物にはタンニンと呼ばれる毒性化合物が含まれていたため、植物食恐竜はそれに対応するよう進化する必要があった。

糞による種子の放散

植物は驚異的な生命力を誇り、その多くは硬い種皮に守られた種子を作る。動物が植物を食べて、葉やマツボックリなどの種子を一緒に飲み込むと、植物の葉や茎のほとんどは潰れて養分が抽出されるが、種子は消化器官内の化学作用にも耐え、分解されずにそのまま糞とともに排泄される。

多くの恐竜のコプロライトには消化器官を通って出てきた種子が含まれ、芽を出す可能性が十分にある。成熟して発芽すれば、恐竜の糞が理想的な培地となってくれるだろう。植物はこのメカニズムをどのように進化させたのだろう。

植物にとっては、いかに生育範囲を広げるかが重要な問題だ。マツの根元付近に転がっているマツボックリのように、単に種子を落としただけならその場所でしか育つことができず、ごく狭い範囲に数百本ものマツが集中することになってしまう。しかし、植物食恐竜が種子を運んでくれれば、別の場所で芽を出した次世代の植物は、親株に日光を遮られることなく順調に育つことができる。

たとえばケラトプス類のトリケラトプスは、植物の種子を食べて糞とともに排出するまでに4～5kmの距離を移動したと考えられる。体重6～10tのトリケラトプスは食糧を求めて1日にそれだけの距離を歩いていたのだ。トリケラトプスが別の餌場を求めて行う1日35㎞の移動は、植物が陸地で生育範囲を急速に広げるのに好都合だった。

ニッチ分割

植物食恐竜にとって、いかに争いを避けるかということも大切だった。アフリカ大陸では、シカ科やウシ科など数十種の草食動物が群れを作り、同じ草原で食事を楽しむ光景が見られる。異なる種がまったく同じ種類の草を食べているが、よく見るとある種は背の高い草を食べ、別の種は背の低い草を食べている。牧場主も、まずウマに長い草を食べさせて、それからウシやヒツジに短くなった茎を食べさせる。このように、食事の習性や摂食方法で食物を分けることをニッチ分割と呼ぶ。ニッチとは、生物種の食物の好みを含む生息様式の範囲を指す。

中生代にもそれと同じような光景が見られたようだ。植物食恐竜の多くの種がどのように共存し

消化器官内の種子

アルゼンチンのジュラ紀の地層から見つかった鳥脚類のイサベリサウラの胸郭内に、消化器官の内容物が保存されている。ソテツやシダのような植物の種子が含まれていることから、死ぬ直前にそれらの植物を食べたと推察される。

ていたのかという問題は長らく議論されてきた。ジュラ紀後期のモリソン層で見つかった7〜8種の竜脚類は、それぞれの体形にニッチ分割の様相が現れている。背の高いブラキオサウルスは木の高い部分を食べ、背の低いディクラエオサウルスは低い部分を食べていたと考えてよさそうだ。同位体（150ページ）の分析結果からも、ブラキオサウルスが針葉樹の葉を食べ、ディクラエオサウルスがシダを食べていたことがわかっている。

では、これらの恐竜がまったく同じ高さの植物を食べていたとしたらどうだろう。ブリストル大学のデヴィッド・バトンが、カマラサウルスとディプロドクスの頭骨の研究から、それらの恐竜が異なる特性を持っていたことを突き止めた。有限要素解析（141ページ）を用いて頭骨を調べた結果、カマラサウルスがより密度の高い頭骨を持ち、より大きな力に耐えることができたことがわかったのだ。この結果から、カマラサウルスは硬い植物を食べていたと推察される。バトンは、カマラサウルスと近縁種が木を含む硬い植物をかじって食べていたと考えた。一方、ディプロドクスとその近縁種はトクサやシダなど、軟らかく摩耗作用のある植物を食べていたようだ。

ディプロドクスの頭骨は、顎の前方に細長い歯がたくさん並び、なんともまぬけな印象だ。この歯の形状と有限要素解析で測定した圧力パターンから、葉がたくさん茂る枝を歯のあいだに挟んでそのままくいしばり、葉を刈り取って食べていたと考えられた。枝から刈り取った葉はそのまま飲み込み、すぐに次の枝を探す。カマラサウルスと近縁種は、顎全体にがっしりしたスプーン型の短い歯が並び、より単純な摂食様式で食事をしていたと考えられる。枝から葉だけを刈り取って食べるのではなく、枝と葉をそのまま口に入れて噛み切って食べていたのだ。

食性を変える恐竜
リムサウルスの骨の同位体分析（151ページ）から、幼体が肉食で成体が植物食だったことがわかった。幼体がトカゲを食べているそばで、母親がソテツを食べている。

異なる高さの植物を食べる

竜脚類は種によって異なる高さの植物を食べていた。これは2通りの方法で確認することができる。1つは首の長さの推定で、もう1つは骨に含まれる炭素同位体比の測定だ。ブラキオサウルスは首が長く、木の最も高い部分を食べていたと考えられる。一方、首の短いディクラエオサウルスは低木などの植物を食べていた。この2つの植物は異なる炭素同位体を含んでおり、恐竜の骨の同位体比にもその違いが現れる。

背の高い針葉樹を食べる種
ブラキオサウルス
∂^{13}C値が高い（炭素同位体比）

背の低いシダを食べる種
ディクラエオサウルス
∂^{13}C値が低い（炭素同位体比）

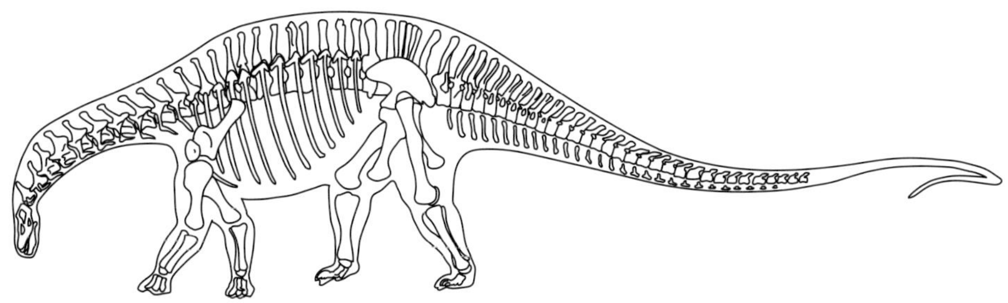

次ページ
ワイオミング州のモリソン層で見つかった複数の竜脚類の化石から、種によって異なる高さの植物を食べていたことがわかった。ディプロドクス（右奥）は背が低い植物を食べ、ブラキオサウルス（左奥）は高い木の上部を食べている。手前に佇んでいるのはカマラサウルスで、背が低い植物から中程度の高さの植物の葉を探して食べていた。これらの巨大種は、ステゴサウルス（手前中央に骨がある）や小型鳥脚類のドリオサウルス（右手前）など、ほかの恐竜と共存していた。

肉食とその他の食性

恐竜は植物食と肉食に単純に分類されるわけではない。肉食恐竜の中にはめずらしい食性を持つ種もいた。

恐竜には魚を食べる種や昆虫を食べる種もいたようだ。また、獣脚類の中には肉食から肉と植物の両方を食べる雑食、あるいは完全植物食に移行した種もいた。

とはいえ、獣脚類のほとんどの種は肉食だ。ただし、食べ物の種類は違っていた。小型獣脚類は小型の恐竜やトカゲ、哺乳類、カエルなど、捕まえられる大きさの獲物を捕食した。現在のキツネやコヨーテのように、ゴキブリやバッタなどを食べるものもいた。大型の肉食恐竜はより大きな獲物を捕食し、ティラノサウルスは目の前に飛んできた昆虫を捕えたり、肉に止まった昆虫を一緒に食べたりもした。

当時ブリストル大学の学生だったユープ・シェフェールが、獣脚類の歯と顎のさまざまな特性を調べたところ、それぞれの食性に特色が見られた。獣脚類のみを対象としたその研究では、オヴィラプトロサウルス類やテリジノサウルス類など植物

食性と顎の関係

顎の形状から恐竜の食性を推察し、トカゲやワニなどの現生爬虫類と比較して、その確からしさを確認することができる。まず、恐竜の顎と歯を測定し、多変量解析により、どの食性に当てはまるかを調べる。ここに示されているのは数十種の顎の測定に基づいた形態空間で、横軸は歯の有無、縦軸は顎の深さを表している。植物食恐竜と雑食恐竜の顎の特徴が1つの領域を形成し、小型と大型の肉食恐竜はそれぞれ別の領域を作り上げている。

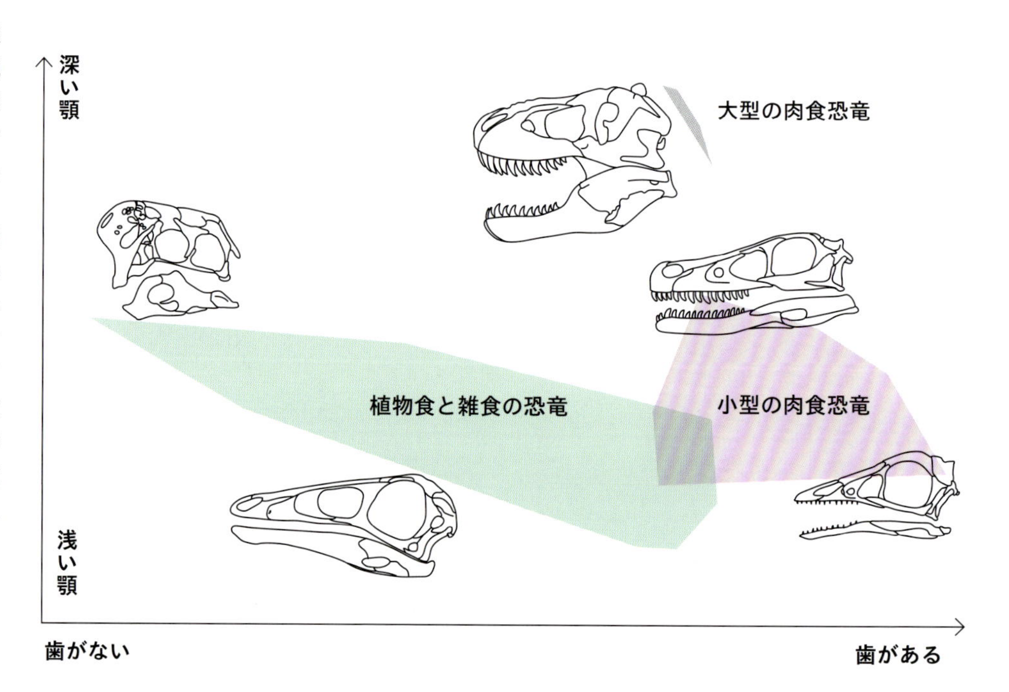

食と雑食の歯と顎が、近縁の肉食恐竜とはかけ離れた特徴を持っていることがわかった。また、小型と大型の肉食恐竜にも違いがあった。

ハンターか、スカベンジャーか

ティラノサウルスがハンターかスカベンジャーかについては、長きにわたって議論が続けられてきた。スカベンジャーとは、おもに動物の死骸を探してその肉を食べる腐食動物のことだ。ハイエナやハゲワシは自ら獲物を狩ることもできるが、どちらかというとライオンやジャッカルが狩った獲物のおこぼれをもらうほうが好きらしい。

このような腐食性は賢い戦略と言ってよい。獲物を追いかけて殺すためのエネルギーを節約できるし、満足のいくごちそうが見つからなければ、別の餌場を探して移動すればいいのだから。しかし、もちろんリスクもある。新鮮な死骸にありつけないこともあるし、せっかく手に入れた獲物を守ろうとするライオンやジャッカルの餌食に自分もなってしまうことだってあり得るのだ。

ティラノサウルスは、体重5t以上の巨体を動かすために大量の食糧が必要だったことと、足があまり速くなかったことから、腐食動物だったのではないかと考えられている。ティラノサウルスが急行列車と同じくらいのスピードで走ったというのも、ティラノサウルスに出会ったが最後、どんな植物食恐竜も一撃で殺されてしまうというの

奇妙な食事
テリジノサウルス類はちょっと変わった獣脚類だった。白亜紀後期のテリジノサウルスは体が大きく、前足には長さ1mにもなる刀のような爪を備えていたが、歯がとても小さく、肉食ではなかった。恐ろしい爪を持つ前足の指はあまり可動せず、植物を掻き集める熊手のような役割を果たしていた。一方で、立派な爪をちらつかせ、異性を引き付けるディスプレイを行っていたとの考えもある。

＊[イラスト訳注] テリジノサウルスは多くの獣脚類のように肉食ではなく（左手前）、植物食（右奥）に適応していた。

も、確かなイメージとは言いきれない。ティラノサウルスのあまりにも短い前肢は、獲物を摑むことさえできなかったと言われている。

それでもなお、ティラノサウルスがハンターだったという声も多い。ハドロサウルス科の尾に刺さった歯（143ページ）も、ティラノサウルスが生きた動物を襲っていた証拠と言えるだろう。それに、ティラノサウルスの大きな胃袋を満たすだけの死肉がそうゴロゴロと転がってはいなかっただろうから（28ページ）、自ら食糧を狩る必要があったかもしれない。

魚を食べる
スピノサウルス科のバリオニクスがすくい上げた魚を飲み込もうとしている。スピノサウルス科はおもに白亜紀前期から中頃に生息していた奇妙な獣脚類で、長い吻部とワニのような頭骨から、魚を食べていたと考えられる。バリオニクスの胸郭内には魚の残骸が残っていた。きっとそれが最後の晩餐だったのだろう。

単独で狩るか、群れで狩るか

現在の大型捕食者には、ネコ科のように単独で狩りをするタイプと、イヌ科のように群れで狩りをするタイプがいる。捕食者の体が大きく、獲物を組み伏せられるだけの力がある場合は単独狩猟ができるだろう。一方、体の大きさで獲物にかないそうにない場合は、群れで狩るのが効果的だ。オオカミは、体重が自分の10倍もあるヘラジカを群れで何日も追って疲弊させ、最後には仲間で食べるのに十分な肉を手に入れるのだ。

恐竜がどのような狩りをしていたのかははっきりとわかっていない。狩りなどの行動は化石として残らないからだ。しかし、白亜紀前期の捕食者だったデイノニクスは、集団狩猟をしていたと考えられている。体重約70kgのデイノニクスは、体重1tもある鳥脚類のテノントサウルスと同じ生息地で暮らしていた。ある発掘現場で見つかったテノントサウルス1体とデイノニクス3体の骨格化石は、デイノニクスが3頭がかりでテノントサウルスを狩ろうとしている場面を保存していると考えられる。

しかし、この4体の密集は偶然で、恐竜が群れで狩りをしていた確たる証拠はまだ見つかっていないと考える古生物学者は多い。

特別な食性を持つ獣脚類：植物、魚、昆虫を食べる

白亜紀後期には、ハドロサウルス科、ケラトプス類、アンキロサウルス類など、さまざまな種類の植物食恐竜がいた。また、獣脚類には、オヴィラプトロサウルス類、テリジノサウルス類、オルニトミムス科など、肉食から植物食に変わっていった仲間もいた。そうした変化は、歯の喪失、小さい歯の獲得、新しい形状の顎の発達などから明らかになった。

では、魚食はどうだろう。イングランドでスピノサウルス科のバリオニクスの骨格化石が発掘されたとき、古生物学者たちは胸郭内に魚の鱗が残っていることに気がついた。はたしてこの獣脚類の食性は魚に特化していたのだろうか。エミリー・レイフィールドが有限要素解析（141ページ）を用いて頭骨を調べたところ、長い吻部を持つこの奇妙な獣脚類は魚食恐竜だったことが明らかになった。顎は素早く閉じられる構造になっていたが、大きい獲物と格闘するのには向いていなかった。

アリとシロアリに特化しためずらしい食性もある。イギリスのブリストルと中国の北京で学んでいた秦子川（チン・ツーチュアン）が、獣脚類のアルヴァレスサウルス科が白亜紀後期に小型化し、短い前肢の先に爪を1本だけ残していることに気がついた。秦はその爪と現生動物の爪を比較し、形状がアリクイの第3指の爪に似ていることを突き止めた。おそらくこの恐竜は、白亜紀後期の生態系で重要な役割を担うようになったアリを食べて暮らしていたのだろう。

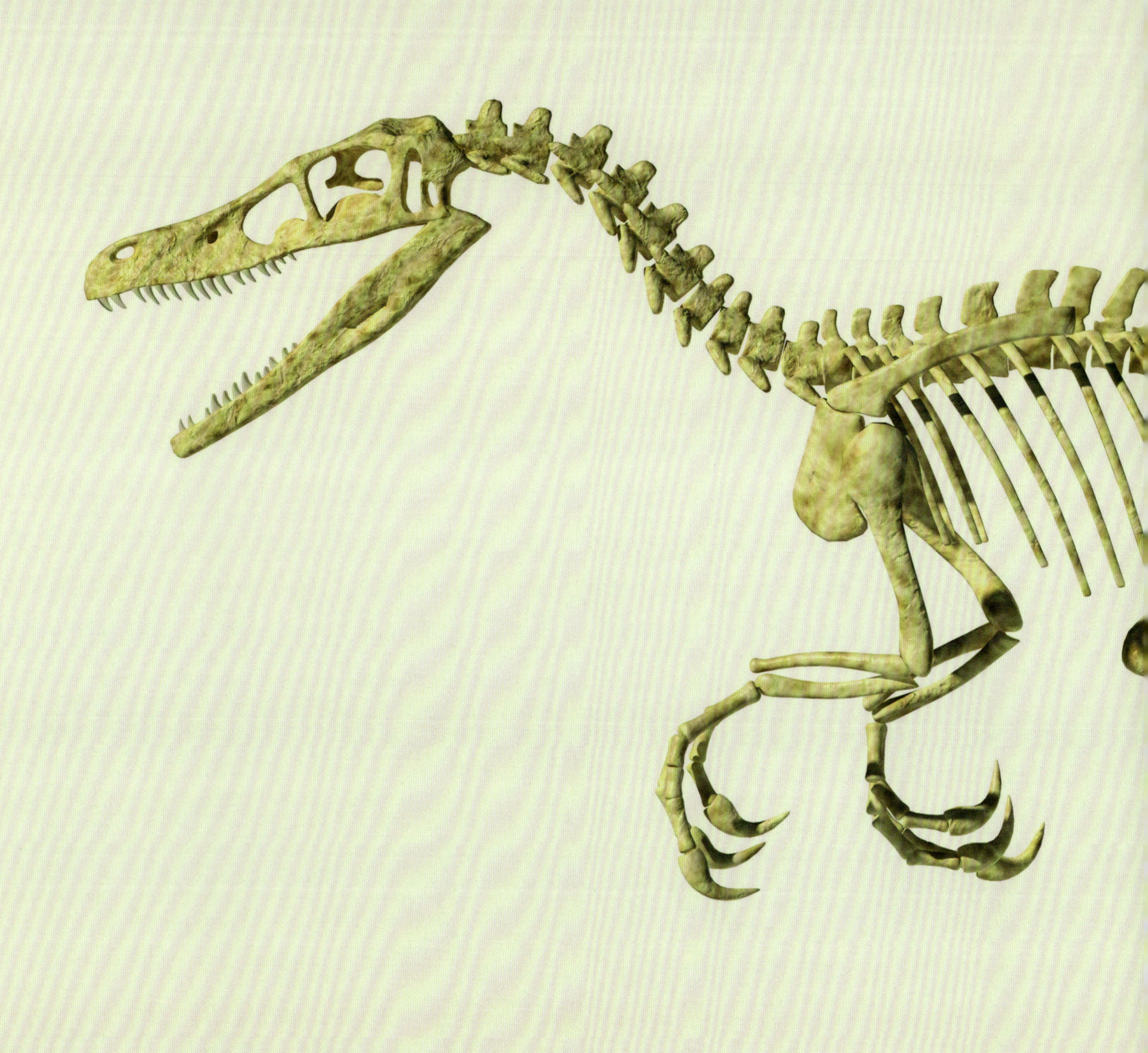

第6章
社会的行動
SOCIAL BEHAVIOR

コミュニケーションと関わり

古生物学者はこれまで恐竜の多様な社会的行動の痕跡を特定してきた。求愛、交尾、産卵、成長から、集団での暮らしにいたるまで、恐竜のさまざまな行動の詳細が明らかになっている。

社会的行動には、種の仲間同士のあらゆる関わりが含まれる。人間は社会性が非常に高い動物で、家族はもちろん、日常的に出会う人々と常にコミュニケーションをとっている。ほかの多くの動物も仲間と意思の疎通を図っていることから、恐竜の種にもコミュニケーション行動が見られたと考えていいだろう。植物食恐竜による餌場の共有や、肉食恐竜による集団での狩り(161ページ)なども、恐竜の社会的行動の一環だ。

繁殖、産卵、子育てのあらゆる段階で、社会的行動は重要なカギとなる。恐竜はどのようにコミュニケーションをとっていたのだろう。群れを作って生活していたのだろうか。集団で行動していたのなら、その目的は何だったのだろう。

もちろん恐竜にも交尾と繁殖行動が見られたわけだが、それらはいったいどのように行われていたのだろう。鳥類、爬虫類のどちらかの形態に似ていたのだろうか。恐竜と近縁な現生鳥類は巣に産卵し、オスとメスが交代で抱卵する。雛が孵れば食糧を探しに遠くまで飛んでいくなど、両親が協力して子育てをする。一方、爬虫類の親はほとんど子育てをしない。恐竜が地上の巣に産卵したことはわかっているが、鳥類のように子育てをしていたのか、爬虫類のようにほとんど子育てをしなかったか、あるいは完全に育児を放棄していたのかという疑問が残る。

卵が受精して発育するには、まずオスとメスが交尾しなければならない。恐竜のほとんどは求愛行動をしていた可能性がある。少なくとも羽毛を持つ小型恐竜のオスは、現在の鳥の多くと同じように、メスを誘って交尾に持ち込もうと、メスの周りを飛び跳ねて、尾や翼の色鮮やかな羽毛で

ディスプレイしていたと考えられる。現在の爬虫類の多くも求愛行動をする。トカゲやヘビは鮮やかな模様やとさかでメスにアピールする。

恐竜がこのような繁殖行動をとっていたことを証明するのはひどく難しいことのように思われるかもしれない。恐竜の色や模様、音を使ったコミュニケーションについての手がかりは、いったいどこにあるのだろう。恐竜の鳴き声や色についての事実は少しずつ明らかになってきている。オスとメスの違いや集団行動を示す証拠が、さまざまな化石から見つかっているのだ。

こうした発見は、新しい研究分野への扉を開けてくれる。今日の若い古生物学者が将来、画期的な発見をしてくれるかもしれない。

ファイト！
恐竜は現生動物に見られるような複雑な行動をしていたと考えられる。といっても、恐竜がいつも穏やかに過ごしていたわけではなく、ときにはケンカもしていたようだ。この2頭のスティラコサウルスのオスは力比べをしている。現在のシカやライオンのように、恐竜もオスがメスを支配し、ときどき若いオスが力のある年長のオスに戦いを挑んでいたようだ。

性淘汰と羽毛の色

現在のクジャクのように、恐竜のオスとメスは外見が異なっていて、求愛のディスプレイを行っていたようだ*。今では恐竜の羽毛の色も知ることができる！

ここ最近で最大の発見と言えば、恐竜の多くがカラフルな羽毛をまとっていたことと、羽毛が複雑なとさかや扇形の尾を形成していたことだろう（170 ～ 171ページ）。それらの構造は、保温と飛翔という羽毛の基本的な機能を果たしていたとは考えにくい。赤褐色のとさか、2色の縞模様の扇形の尾、同じく縞模様が際立つ翼などは、おそらくディスプレイに使われていたのだろう。恐竜が奇妙な骨のとさかやフリル（襟飾り）や角をディスプレイに使っていた可能性は以前から指摘されていたが、美しい羽毛の発見がその説に新たな現実味を与えたのだ。

性淘汰

では、交尾前の儀式を行う目的は何だったのか。どうしてクジャクやキジのオスには複雑な長い尾があるのだろう。尾のディスプレイは圧巻だ。羽を立ち上げて美しい模様を惜しげもなく広げ、ときには羽を震わせてカサカサと音を立てる。しかし、そのような尾の構造は日常生活でデメリットにならないのだろうか。

チャールズ・ダーウィン（1809 ～ 1882年）は、鳥類をはじめとする生物のディスプレイが大きな不利益を生むのではないかと考えた。植物や動物に見られるその他の特性については、すべて日常生活に適応して進化したことはわかっていた。種の仲間同士での競争を経て、食糧探しに長けたものや、捕食者から逃げるのが速いものなどが、やがて優位性を手に入れる。これはダーウィンの自然淘汰理論の根幹をなす適応だ。

ダーウィンは、最も美しく、最も大きな尾羽を持つオスが、繁殖で最大の成功を収めると考えた。クジャクのオスは自分の遺伝子を次の世代へ残すため、できるだけ多くのメスを引き付けようとする。ダーウィンによれば、残した子孫の数が進化の成功を証明してくれるのだから、大がかりな尾を1年中引きずって歩く苦労も交尾期にはすべて報われるということだ。クジャクにとって、立派な尾羽は子孫繁栄の象徴なのだ。

＊［訳注］恐竜の確固たる性的二型の証拠は今のところ見つかっていない。

では、メスのクジャクはどうだろう。メスには育てた卵を産み、卵が孵れば雛の世話をするという大変な仕事が待っている。そのため、交尾のあとでオスがすぐにいなくなってしまっては困る。ダーウィンは、メスがオスの尾を見て、最も頼りになり、子どもにとって最高の父親になれそうなオスを選んでいると考えた。この概念は自然淘汰と区別して性淘汰と呼ばれる。

自然界ではときに自然淘汰と性淘汰が対立することがある。大きな尾は交尾相手を引き付けてくれるが、それと同じくらい捕食者も引き付ける危険性がある。野生のキジの中には、オスの寿命がわずか10か月ほどで、メスがその2倍生きるという種がいくつかある。しかし、短命のオスが2～3羽のメスと交尾し、合計5～6羽の子をもうけられれば、進化の観点では大成功を収めたと言えるだろう。

性的二形性

二形性とは「2つの形がある」という意味だ。恐竜のメスとオスにも外見上の違いがあったのだろうか。鳥類ではオスが色鮮やかな羽毛を持ち、メスはむしろ地味な種が多い。キジとクジャクのメスも薄茶色だ。羽毛のほかにも、オスとメスで鳴き声が違う場合がある。哺乳類ではオス同士が戦うために、メスよりも体が大きいことが多い。オスは牙（ヒヒやブタ）、枝角（シカ）、角（ウシ、ヒツジ）などといった特殊な武器を使って戦う。

恐竜の性的二形性を確認するのは難しい。ハドロサウルス科の頭のとさかや、ケラトプス類の頭骨から突き出た角、ステゴサウルス類のプレートやとげなどにも性的二形性が見られたと考えられてきた。しかし、調査が進むにつれ、その仮説の信ぴょう性が問われる例も出てきている。たとえば、性的二形性を示すメスだと考えられていた個体が、じつは異なる時代や別の地域に生息してい

オスとメスの違い

ステゴサウルスのオスとメスは背のプレートの形状が違っていた可能性がある。メスのプレートは背が高くて幅が狭く、オスのプレートはメスよりも大きくて丸みがあったかもしれない。オスには喉の皮膚がたれ下がった肉垂があったとも言われている。

た種のオスである可能性があるのだ。

最近では、ステゴサウルスの背のプレートに縦長のものと丸みのあるものがあり、それが性的二形性であると考えられるようになった。巣作りと子育てで知られる鳥脚類のマイアサウラ（180～181ページ）の成体は、両性の体の大きさにおよそ45%の差があった。しかし、体の大小でオスかメスかを判断することはできない。大きい恐竜が必ずしもオスであるとはかぎらないのだ。ヘビやカメなど現在の爬虫類にも、大量の卵を身ごもるメスのほうがオスより体が大きい例が多く見られる。

コンフシウソルニスの性淘汰

性淘汰の研究が行われた最初の化石の1つが、中国の白亜紀前期の地層から見つかった原始的な鳥、コンフシウソルニスだった。その有名な標本は、1枚の石板に2羽の鳥が保存されたもので、大きいほうの個体には末端が旗のように広がった細長い尾羽が2本あるが、小さいほうの鳥にはそのような尾羽が見られない。この違いは原始的な鳥類の性的二形性を示す直接的な証拠と言えるのだろうか。

2008年に調査を行ったロサンゼルス自然史博物館のルイス・キアッペは、それが性的二形性だと簡単には判断できなかった。キアッペは100点の標本を体重約300gのグループと体重約500gのグループに分類した。この2つのグループの体サイズの差は性的二形性の現れなのだろうか。しかし、体サイズの違いは亜成体と成体の1～2歳の年齢差によるものである可能性もあった。また、鳥類の体サイズの大小にかかわらず、長い尾羽を持つものと持たないものがあった。

南アフリカ国立博物館のアヌスヤ・チンサミー＝トゥランが2013年に行った調査で、尾羽が短い標本のうちの1体にメスである証拠が見つかった。四肢の骨に骨髄骨（こつずいこつ）が認められたのだ。現生鳥類の場合、この特殊な骨は繁殖期を迎えたメスに見られる特徴だ。産卵を控えたメスは卵殻を形成

するためのカルシウムを大量に血流に抽出するため、骨が不規則な多孔質になる。

長い尾羽は、毎年繁殖期に伸びては抜け落ちていたようだ。つまり、さまざまな大きさの個体が長い尾羽を生やし、尾羽の有無は季節によるということだ。しかし、尾羽を生やすのはオスだけだったのか、それともメスも生やしていたのか。チンサミー＝トゥランがメスと特定した尾羽の短い1体も、季節によって尾羽が伸びていた可能性は否定できない。

左ページと上
現生鳥類のオスとメスに明らかな違いがあるように、中国の白亜紀前期の地層から見つかったコンフシウソルニスも性別による違いを示していた。オスとメスともに斑点模様の入ったグレーと茶色の羽毛を持っていたが、オスには暗色の長い尾羽が2本あった。コンフシウソルニスは、現在のクジャクのように高くジャンプして木の枝に止まることができたようだ。長い羽毛を動かしてカサカサと音を立て、メスにアピールしていたと考えられる。

求愛のためのディスプレイ

恐竜の羽毛と色を使ったディスプレイについては研究があまり進んでいない。しかし、恐竜が羽毛を用いて求愛行動をしていたというのは定説になっている。恐竜として初めて羽毛の色が特定されたシノサウロプテリクスとアンキオルニス（172 ～ 173ページ）は、翼や尾、とさかの色で交尾相手を誘っていたようだ。

シノサウロプテリクスの尾は赤褐色と白色のはっきりとした縞模様で、ディスプレイに大いに役立っていたと考えられる。アンキオルニスも赤褐色のとさかと、白と黒の縞模様が入った翼を備えていた。現在のコトドリのように、かがみながら翼と尾を上げて体を大きく見せ、カラフルな模様をディスプレイしていたのは想像に難くない。

中国の白亜紀前期の地層から見つかったオヴィラプトロサウルス類に属する獣脚類のカウディプテリクスは、短い尾の先端におよそ20本の正羽が生えていた。それぞれの正羽は長さ15cmほどで、黒とグレーの縞模様だった。正羽の基部に筋肉があり、尾を扇形に広げることができたようだ。クジャクのように羽毛を動かし、カサカサと音を鳴らしていたかもしれない。

左ページ、下
鳥類だけでなく、恐竜も求愛のディスプレイを行っていたと考えられる。シノサウロプテリクス（下）は赤褐色と白色の縞模様の尾を動かし、尾の長さや模様の美しさをライバルたちと競い合っていたし、アンキオルニス（左）はつま先立ちで踊り、尾の先端の扇と翼を広げて黒と白の模様をディスプレイしていたかもしれない。

検証 化石羽毛の色を調べる

恐竜の羽毛は何色だったのだろう。第2章（60ページ）でお話ししたように、中国産の獣脚類恐竜の多くにさまざまな種類の豊かな羽毛が見つかった。ロシアで発見されたジュラ紀の鳥脚類だったクリンダドロメウスは、羽毛と鱗がそれぞれ体の異なる部分を覆っていた。羽毛と鱗の役割はおもに保温だったが、体温調節や保護の機能も果たしていたようだ。

羽毛の化石には模様が保存されていることが多いが、本来の色は残っていない。たとえば、コンフシウソルニスの尾羽は茶色のグラデーションだが、もとの色素が分解されて鮮やかな色が失われたと考えられる。

しかし、2008年には当時イェール大学の博士課程で学んでいたヤコブ・ヴィンサーが、化石羽毛の色を特定する方法を発見した。化石羽毛の中にメラニンを含むメラノソームと呼ばれる特殊な構造を見つけたのだ。メラノソームは長さ1ミクロン（0.001mm）の小さな構造物で、走査電子顕微でのみ観察できる。

メラニンは、植物からキノコ、動物にいたるまで、ほぼすべての生物に見られる色素で、内臓や脳の周辺や皮膚などに現れる。メラニンのうちユーメラニンは黒、茶、ブロンドの色素で、フェオメラニンは赤褐色を発色させる。つまり、赤毛の人はキタリスの赤褐色の体毛と同じフェオメラニンを毛髪に持っているということだ。

哺乳類の体毛と鳥類の羽毛の色はメラニンの種類によって決まる。皮膚内部の生成器官から体毛や羽毛に入り込んだメラニンは、メラノソームと呼ばれる小器官に貯蔵される。ユーメラニンのメラノソームは柱状で、フェオメラニンのメラノソームは球状だ。

2010年、2つの研究チームがシノサウロプテリクスとアンキオルニスの羽毛のメラノソームを調べ、もとの色を特定するという実験を行った。それ以降、数十種の初期の鳥類や恐竜についても調査が進められ、それぞれの色や模様が明らかにされている。この新しい手法は、パレオアーティストの恐竜の再現にも革命をもたらした（51ページ）。

とはいえ、すべての恐竜の色を特定できるわけではない。この方法には保存された羽毛や皮膚が必要だが、ほとんどの恐竜の化石にはそれらの組織が残されていない。また、初期の鳥類や恐竜に、現生鳥類に見られるカロテン（黄と赤）やポルフィリン（緑と紫）など、ほかの色素があったかどうかもわからない。物理的な痕跡を化石に残さないこれらの色素を特定するため、研究者たちは新たな科学的手法を模索しているところだ。

メラノソームと羽毛の色

化石の羽毛には、現在の羽毛と同じメラノソームと呼ばれるカプセル状の小器官があり、その中にメラニンという色素が貯蔵されている。メラノソームの形状から、現生鳥類の羽毛に見られるような色を特定することができる。コウウチョウ(上列左)のような薄い玉虫色の鳥は太い柱状のメラノソームを持っている。ミノバト(上列左から2番目)、キヌバネドリ、タイヨウチョウ、ハチドリ(上列1番右)など、玉虫色の色相が鮮やかに発色しているタイプでは、メラニン層が厚く重なった構造となっている。

小羽枝の横断面

化石のメラノソーム

求愛と交尾行動

恐竜が求愛行動をしていたことは知られているが、集団で求愛を行っていたという説もある。現在のところ、恐竜の交尾に関する手がかりは、中国で見つかった標本１つだけだ。

2頭の恐竜が抱きしめ合っているような化石は今のところ見つかっておらず、恐竜の交尾の姿勢はいまだ想像の域を出ない。しかし、中国で見つかった新しい化石には、排尿口（はいにょうこう）、排便口（はいべんこう）、卵子を受精させる生殖口（せいしょくこう）をすべて兼ねた総排泄腔（そうはいせつこう）と呼ばれる器官が保存されていた。これは恐竜の交尾行動についての重要な手がかりになる。さらに、コロラド州の行跡化石には、獣脚類の集団求愛場らしき跡が残されていた。

プシッタコサウルスの総排泄腔

ブリストル大学のヤコブ・ヴィンサーが2021年の論文で、中国の白亜紀前期の地層から見つかったケラトプス類のプシッタコサウルスについて、総排泄腔に関する詳細な調査結果を発表した。標本の性別は不明だが、総排泄腔の周りに並ぶ大小さまざまな鱗に黒っぽい色素沈着が見てとれる。

プシッタコサウルスの総排泄腔はＶ字形で、ワニに見られるような側唇（そくしん）が両側にある。化石の総排泄腔の内部にはコプロライトの一部が残っている。総排泄腔周辺の暗い色合いと厚い側唇から、この構造が繁殖期に異性を引き付けるためのディスプレイに用いられ、ワニのように臭腺（しゅうせん）から刺激臭を放っていたと考えられる*。

*［訳注］ただし、総排泄腔は不鮮明に保存されているため、現生鳥類に似た開口部だった可能性もある。

獣脚類の求愛行動

マーティン・ロックリーによるアメリカ西部の巨大行跡化石の調査で（84ページ）最も注目すべき発見の1つが、獣脚類が集まってディスプレイを行っていたという集団求愛場跡だ。うっかり見過ごしてしまいそうな浅いくぼみが点在している。地面を引っ掻いてできたと考えられるその直径およそ2mの穴が、行跡を残した獣脚類と関係があると考えられた。

そこで古生物学者たちは現生鳥類の行動を調べてみた。クジャク、アカライチョウ、ダチョウ、ミヤコドリなど、地上に巣を作る多くの鳥は、鳥類学者が「レックディスプレイ」と呼ぶ行動をする。オスが地面の枝や石を取り除いて踊り場を設け、メスがやってくるとその場で踊ってみせるのだ。複数のオスが集まって集団求愛場を作ることもあり、オスはメスの気を引こうと、それぞれの持ち場で踊ったり、大声で鳴いたり、地面に穴を掘ったりするという。

まさに、コロラド州の白亜紀層、ダコタ層群のダコタサンドストーンで見つかったくぼみと特徴が一致する。4つの化石群集に残されたくぼみは、獣脚類恐竜が右左どちらかの足で地面を掻いてできたものだと考えられた。ある場所には5mを超える大きなくぼみが横並びに3つ並んでいたという。多いところではおよそ60個ものくぼみが見つかった。複数のオスがメスに美しい羽毛を見せたり（170～171ページ）、鳴き声を聞かせたりしていた求愛の聖地だったのだろう。

獣脚類の求愛ダンス
足跡化石が見つかった同じ場所に、地面を掻いてできたくぼみが保存されていることがある。これらは古代の求愛場だったと考えられている。大型獣脚類が鳥類のようにつがいになり、頭を上下に振り、土を蹴り上げながら踊っていたのだろう。これは白亜紀前期に北アメリカに生息していたとされるアクロカントサウルスの再現図だ。

卵と子育て

恐竜の卵、赤ちゃん、営巣地はたくさん見つかっているが、親が子育てをしていた証拠はあまり見つかっていない。恐竜の幼体は孵化後まもなく自活しなければならなかったようだ。

現在の鳥類と爬虫類が産卵することから、恐竜も卵を産んでいたと考えて間違いないだろう。生物学者は卵を産む繁殖形態を卵生、母体内で成長した子を産む形態を胎生と呼ぶ。人間、ネコ、イヌなどの哺乳類は卵を産まず、母親が体内で子の姿に育ててから出産する。

卵生と胎生にもさまざまなタイプがある。私たちは鳥、多くのカメ、ワニなどの白くて硬い殻を持つ卵になじみがあるが、その他のトカゲやヘビなど爬虫類の多くの種は、鉱物の方解石をわずかにしか含まない紙のように薄い殻の卵を産む。

最近行われたトカゲとヘビに関する研究では、より複雑な事情が明らかになった。同じグループ内で卵を産むものと子を産むものがあり、どうやら卵生と胎生を自在に使い分けているようなのだ。近縁なトカゲのグループの中にも卵生の種とそうでない種があり、それぞれが明らかに卵生から胎生、胎生から卵生へと簡単に繁殖形態を変えている。

しかし、なぜ繁殖様式を入れ替える必要があるのだろう。胎生は赤ちゃんが生き残るために有利な繁殖形態だ。母親が体内で十分に育ててから、天候や食糧供給が安定しているときを見計らって出産することができる。一方、産卵型の母親が卵を産むのは胎生型の母親より1週間ほど早く、それがたまたま気温が低くて植物や虫が少ない時期になるかもしれない。いずれにせよ、親は子育てをほとんどしないので、赤ちゃんが生き残れるかどうかは運任せだ。

恐竜の卵

恐竜の卵はどんな形だったのだろう。ニワトリの卵のようなもの、完全な球体のもの、ソーセージのような長い柱状のものがあったことがわかっている。大きさも種によって違っていたが、ほとんどが大きさと形状ともにニワトリの卵とサッカーボールのあいだに収まっていた。しかし、中国の白亜紀後期の地層から見つかった長さ50cm、幅20cmの卵のように、例外的に大きなものもあった。

恐竜の卵の殻を調べた最新の調査では、恐竜の卵が鮮やかな色だったことが明らかになった。鳥の卵が白、黄、青、茶色の単色から斑点のあるも

恐竜の営巣
ヘユアンニアの親が巣に座る前に卵の位置を並べ替えている。土を円形に低く盛った巣に、卵が1～2列の環状に並べられている。踏み潰してしまわないよう気を遣い、翼を広げて温めていた。

のまでバラエティに富んでいるように、恐竜の卵にもさまざまな色のバリエーションがあったようなのだ。イェール大学のジャスミナ・ウィーマン（現・ジョンズ・ホプキンス大学）は、恐竜が色を識別でき、地上の巣に産卵したときに真っ白な卵は目立ちすぎたのだろうと説明している。ディノニクスの卵は青緑色、トロオドン科の卵は青緑かベージュか白、オヴィラプトロサウルス類のヘユアンニアの卵は深い青緑色だったようだ。ただし、私たちにはそのような色に見えても、恐竜には違ったふうに見えていたかもしれない。恐竜は空腹を抱えた捕食者から守るために、卵の色を進化させたと考えられる。

恐竜の卵はすべて硬い殻に守られていたのだろうか。どうやらそうではなかったようだ。2021年に行われた恐竜の卵の調査では、何種かの卵の殻が軟らかかったことが明らかになった。恐竜の卵の進化を再現してみたところ、初期の恐竜は軟らかい卵を産んでいた可能性が浮上したのだ。

この調査結果は、古生物学者の頭を長年悩ませてきた問題に光を投じた。陸棲動物の卵の起源は爬虫類が誕生した石炭紀中期にあるはずだが、見つかった最古の卵の化石はそれより1億2000万年後のジュラ紀前期のものだった。では、その空白にあたる時期の卵はどこへ消えたのだろう。たまたま現在まで保存されなかっただけ、というわけではなさそうだ。硬い殻を持つ卵は良好な状態で保存される。つまり、硬い殻の卵自体が存在せず、原始的な爬虫類がみな軟らかい殻の卵を産んでいたか、あるいは胎生だったとも考えられる。

卵泥棒か、良き母親か

行動面で最も論争を呼ぶ恐竜がオヴィラプトロサウルス類のオヴィラプトルだ。白亜紀後期にモンゴルに生息していた細身の獣脚類だ。1920年代に初めて発見されたとき、骨格のすぐそばで巣と大量の卵が見つかったことから、当時の古生物学者は歯のないくちばしを持つこの捕食者が卵を食べていたのだと考えた。そんなわけでこの恐竜は「卵泥棒」という意味のオヴィラプトルという名前がつけられたのだ。ニューヨークのアメリカ自然史博物館では、恐ろしい捕食者のオヴィラプトルが、巣を守ろうとする小さな植物食恐竜のプロトケラトプスに襲いかかる再現シーンと化石標本が展示されていた。

1995年には、アメリカ自然史博物館の若手古生物学者の調査団がモンゴルへ赴き、オヴィラプトロサウルス類の貴重な骨格を発見した。それはプロトケラトプスのものと思しき巣の上に座るシチパチの骨格だった。しかし、巣の中の卵をX線で調べたところ、中に入っていたのはケラトプス類ではなく、オヴィラプトロサウルス類の胚だったのだ！*

*［訳注］胚が見つかったのは巣の上に座る化石とは別の標本である。

子育ての証拠
これは長い腕で卵を抱いているシチパチの成体の骨格だ。楕円形の5つの卵（右）を大きな爪を備えた手で抱きかかえている。巣の中央に位置する後肢の骨の配置から、卵を壊さないよう肢を揃えて慎重に座っていた様子がうかがえる。

全長2.9m、体重80kgの大型の恐竜がどうやって抱卵していたのだろう。座るときにうっかり踏み潰してしまうことだってあったかもしれない。実際に抱卵の様子を示す化石が見つかっている。母親（あるいは父親かもしれない）が大きな足を真ん中に置いて、15〜20個の卵が環状に並んだ輪の中に長い後肢で立ち、お尻を少し下げて、尾を左右に振って卵を外側へ転がす*。それから2列の卵のあいだに腰を下ろし、羽毛の生えた長い腕で抱卵する。恐竜も現生鳥類と同じように、ふわふわの羽毛で卵を温めていたのだ。

巣と営巣地

私たちが知るかぎり、恐竜はみな手足で土を掻いて地面を掘り、地上に巣を作っていた。恐竜が樹上に巣を作っていたかどうかはわかっていないし、アーケオプテリクスや初期の鳥がどうであったかもわからない。現在の多くの鳥が地上に巣を作ることから、樹上の営巣はもっとあとの時代に始まったと推察される。

恐竜は巣のくぼみの上にしゃがみ込んで産卵した。産卵の仕方は種によって決まっていて、オヴィラプトルは環状に、竜脚類の多くは2列に産卵していたようだ。

最近になって、恐竜の卵の殻がワニの卵のように多孔質だったことが明らかになった。このことから、恐竜が植物で巣を覆って保護すると同時に、植物が腐敗するときに発する熱で卵を温めていた可能性が浮上した。植物が分解されるときの発酵熱を利用する、いわば自然の暖房システムだ。現在のワニも同じ方法で卵を温めるが、鳥類は巣の卵に植物をかぶせず、自ら抱卵して温める。鳥類の卵のほうが気孔は少ない。たしかにオヴィラプトルのような細身の恐竜は鳥類のように抱卵できただろうが、ブロントサウルスの親なら卵を踏み潰してしまっただろう！

恐竜は同じ種が数十頭、あるいは数百頭も集まる営巣地に巣を作ることが多かったようだ。アルゼンチンのアウカ・マウエボと呼ばれる地域の白亜紀後期の地層には、サルタサウルスに近縁な竜脚類の巣が数百個も保存されている。それぞれの巣のくぼみには直径約15cmの球形の卵が15〜40個入っていた。地層にはそのような巣が6層にわたって積み重なっていて、母親たちが毎年のようにこの営巣地へ戻り、同じ場所で産卵していたことを物語っている。

これは鳥類学者が帰巣性と呼ぶ性質で、鳥が毎年同じ場所を好んで産卵しに戻ることをいう。この本能が繁栄のための戦略になっているとも考えられる。現在の海鳥が雛を守るために高い崖の上に営巣するのと同じく、恐竜も捕食者がやってくる心配のない、また、土を掘って巣を作りやすい場所を選んで営巣していたのかもしれない。

＊［訳注］卵を環状に産むが、並べ替えた証拠は見つかっていない。

子どもを育てる
モンタナ州の白亜紀後期の地層から見つかったマイアサウラの骨格のすぐそばで、卵と赤ちゃんの骨が入った巣が見つかった。卵が孵るまで母親と父親がそばで見守り、生後数週間から数か月まで赤ちゃんに食べ物を運んでいたのだろう。

恐竜は子育てをしていたのか

1970～80年代にモンタナ州ロッキー博物館のジャック・ホーナーが発見した営巣地には、恐竜の帰巣性を示す証拠に加えて、親が子育てをしていた証拠が保存されていた。ホーナーらは、そこで見つかった白亜紀後期のハドロサウルス科に「よい母親トカゲ」という意味のマイアサウラという名前をつけた。恐竜の抱卵についてはすでにお話ししたが、この営巣地ではマイアサウラの親が卵から孵った赤ちゃんに数週間にわたって食べ物を運んでいた証拠がいくつか見つかった。

この証拠が示すこととは？　恐竜に近縁な現生鳥類は子育てに多大なる労力を注ぐ。卵から孵ったばかりの雛は羽毛もなく、目も閉じた状態だ。親は数週間から数か月のあいだ、雛に与える食糧探しに奔走し、雛が飛び立てるよう見守るのだ。

1800年代の博物学者が、ワニの母親が自分の子どもを口に入れようとする姿を目撃した。それからというもの、ワニは野蛮な動物だというイメージが独り歩きするようになった。しかし、それは誤解だ。ワニの母親は3か月も巣に張りついて卵を守り、歯が並ぶ口の中へ赤ちゃんを入れて保護しながら、水中へ食糧探しに出かけるのだ。

卵から孵る
卵から出ようとしているマイアサウラの小さな赤ちゃん。これは本物の化石ではなく、化石をもとに製作された復元模型だ。吻部に歯のような硬い構造物があり、硬い卵の殻を内側から破ることができた。

赤ちゃんの行進
卵から孵ったばかりの恐竜の赤ちゃんはとても小さかった。中国の白亜紀前期の地層から見つかったプシッタコサウルスなど、２～３歳までの幼体が群れで行動する例もあったようだ。幼体は自活していたが、危険に直面したときは成体が助けていたのだろう。

幼体の集団行動

産まれたての恐竜の赤ちゃんは小さく、幼体時代に急ピッチで成長しなければならなかった(188ページ)。恐竜の幼体は数頭の小さい群れで行動することが多かったようだ。中国の白亜紀前期の地層からプシッタコサウルスの幼体が見つかったとき、古生物学者たちはその骨格を見て困惑した。幼体5～10頭の小さな群れがいくつも見つかったが、どの群れにも成体が1頭も含まれず、またすべての個体が同じ方向を向いていたのだ。

中国の陸家屯（ルージアンチュン）という村で見つかったその化石は、火山灰の中に保存されていた。火山がたびたび噴火し、この小さな恐竜たちの上に火山灰を降らせたのだろう。高温の火山灰が厚く降り積もり、恐竜たちは体を焼かれて灰の中に埋もれてしまった。みんな同じ方角を向いていたのは、火山噴火から逃れようとしていたからだと考えられる。

しかし、幼体はどうして集団行動をしていたのだろう。ブリストル大学と北京を拠点とする古生物学者の趙祺（チャオ・チー）が、集団をなす個体の年齢を調べたところ、5頭は2歳で、1頭が3歳だったことがわかった。趙は年上の幼体が妹や弟と行動をともにしていたと推察する。おそらく安全のために集まって過ごしていたのだろう。

群れの幼体は全長1m程度の植物食恐竜で、シダやソテツシダを食べ、しげみに入って大型の恐竜から隠れることができた。親が産まれたての赤ちゃんの世話をしていたかどうかはわからないが、少なくとも1歳から2歳頃には独り立ちしていたようだ。

幼体の群れ
これは火山灰の中で石化したプシッタコサウルスの幼体6体の標本だ。火山噴火から逃れようとしたが、熱い火山灰の下敷きになって死んでしまったのだろう。

恐竜の成長

恐竜の赤ちゃんはとても小さく、成長スピードが速かった。古生物学者が年齢と体重から成長率を計算したところ、毎年5tずつ体重が増加していた種もいたという。

生物の赤ちゃんの大きさはさまざまで、成体のサイズによっても異なる。人間の赤ちゃんもとても小さく、成体になるまでずいぶん年数がかかるように思われるが、2歳頃には成人の身長の半分くらいにまで成長する。ウシとゾウの赤ちゃんは大きく産まれ、生後まもなく長くて力強い肢で立ち、1～2日後には群れについて走れるようになる。鳥の中には雛があっというまに成鳥サイズになる種もいるが、成長が速いぶん、大量の食糧を必要とする。

恐竜の成体は大きかったが、卵の大きさに限界があるため、産まれてくる赤ちゃんは小さかった。そのため、成体の大きさになるまでにかなりの年数を要したか、成長がとても速かったと考えられた。最近行われた調査で、成長スピードが速かったことが明らかになった。

腹ぺこの赤ちゃん
竜脚類のサルタサウルスの巣で卵が同時に孵ろうとしている。母親たちは繁殖期に数百頭も仲間が集まる広大な営巣地で、それぞれの巣に産卵した。赤ちゃんは卵から孵るとすぐに食糧の植物を探すことができたが、体は親と比べるとかなり小さかった。

恐竜の卵はなぜ小さかったのか

卵の大きさは母体の大きさに比例するものだが、例外的にそうでないものもある。大型の鳥の多くが大きな卵を産むが、殻の厚さに限界があるため、卵の大きさも制限される。鳥類や恐竜の卵は殻の深部に鉱物型の方解石が結晶状に広がっていて、その結晶構造を見ればおおまかな種類を判別することができる。

卵の大きさでカギとなるのが、硬い殻を持つ卵では、殻の厚さが大きさに比例するということだ。小さい卵は殻が薄く、大きな卵は殻が厚い。ダチョウの卵は長さ15cmで、殻の厚さは3mm[*1]だ。長さ50cmの卵なら、殻の厚さも3倍[*2]になる。卵が転がっても割れないよう、殻は丈夫でなければならないのだ。巨大な恐竜が体の大きさに見合った卵を産んでいたとしたら、全長はおそらく小型自動車くらいになっただろうし、殻の厚さは15cmにもなっていただろう。

しかし、それでは赤ちゃんが殻を破って外へ出ることができなくなる。鳥やカメ、恐竜の赤ちゃんが孵化するときは、鼻の上にある歯のような構造物で殻を割る。内側から殻を突き破って卵の外へ出てくるのだ。そのため、殻があまりにも厚すぎると、赤ちゃんは卵の中に閉じ込められたまま出てこられなくなる。恐竜の卵が母体のわりに小さかったのには、そういった事情があったのだ。また、体の大きい恐竜が生き残るための戦略として、母親の産卵のエネルギーを節約することも目的の1つだった（97ページ）。

小さな赤ちゃん

原始的な恐竜は人間とほぼ同じ大きさで、赤ちゃんはそれほど小さくはなかった。その後、恐竜が巨大化しても、卵はアメフトのボールくらいの大きさのままだった。つまり、大型竜脚類の赤ちゃんは、親の体の大きさのわりに小さかったということだ。赤ちゃんが生き残るための第1関門は、小さな体を両親の大きな足で踏み潰されない

＊［訳注1］実際は1.9mm程度。
＊［訳注2］実際はずっと薄く、3mm程度。

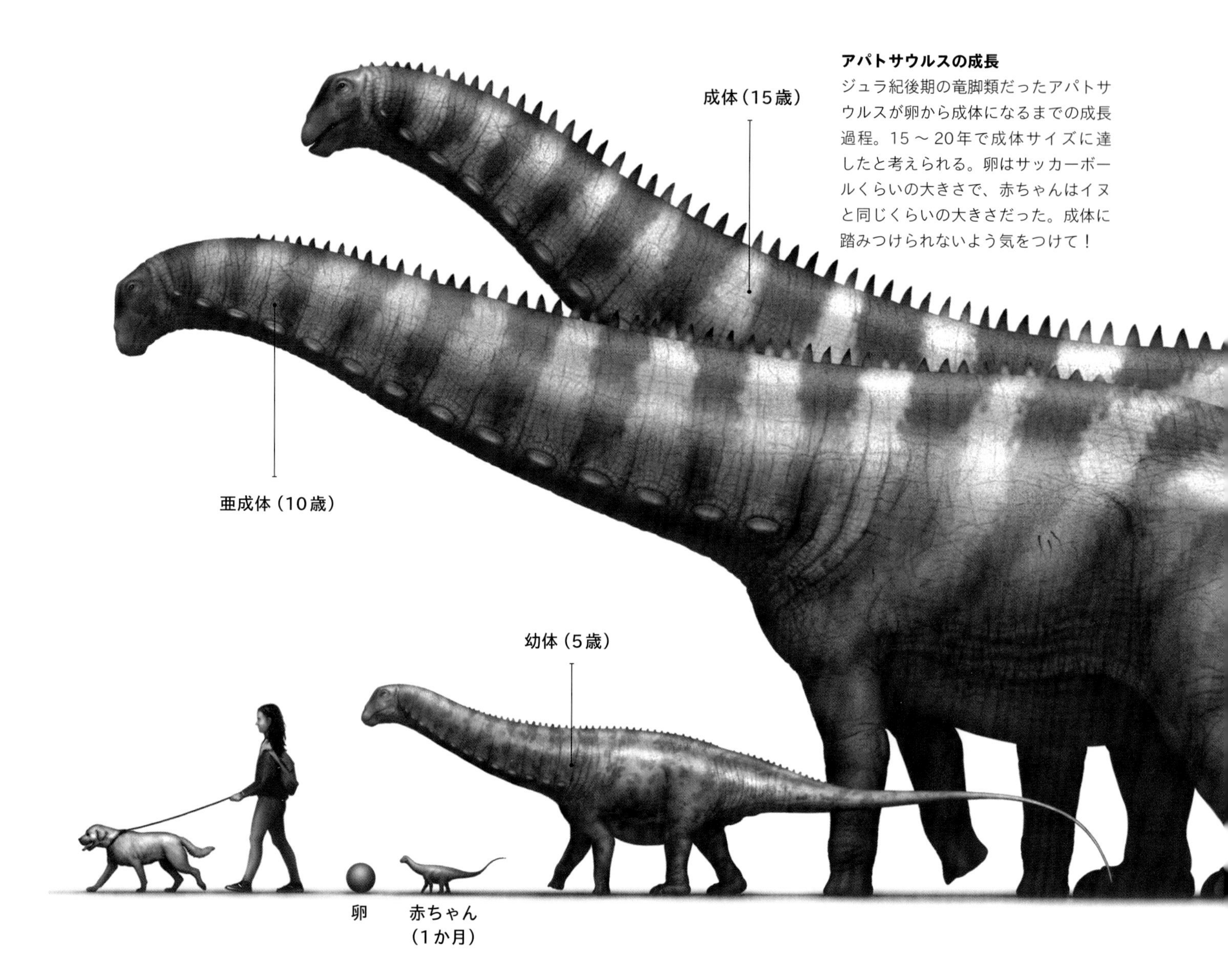

アパトサウルスの成長
ジュラ紀後期の竜脚類だったアパトサウルスが卵から成体になるまでの成長過程。15～20年で成体サイズに達したと考えられる。卵はサッカーボールくらいの大きさで、赤ちゃんはイヌと同じくらいの大きさだった。成体に踏みつけられないよう気をつけて！

ようにすることで、その後も自分の身の安全のために生後1～2年は最大の成長率で大きくなっていった。

サルタサウルスは親が全長8.5mであるのに対し、孵化したばかりの赤ちゃんは体長30cmほどだった。つまり、成体サイズに達するにはかなりの成長が必要だったということだ。では、小さな赤ちゃんが巨大な成体になるのにいったい何年かかったのだろう。外温動物のワニの成長率に基づけば、竜脚類の幼体が成体サイズになるには100年かかる計算になる。しかし、そんなゆっくりとした成長では、繁殖が可能になる前に捕食されるか、あるいは何らかの事故に遭い、ほぼすべての幼体が死んでしまうだろう。それは進化論的に考えても不都合だ。

現在は大型恐竜の多くが15～20歳までに成体サイズに達していたという証拠が提示されている。つまり、それらの恐竜は驚異的な速さで成長していたということだ。その証拠というのは、年齢と体重の推定値から得られたもので、成長曲線によって表される（189ページ）。

かわいい赤ちゃん

大型恐竜の赤ちゃんの頭骨
アルゼンチンの白亜紀後期の地層から見つかったサルタサウルスの赤ちゃんの頭骨。長さわずか2.5cmのこの小さな頭骨は、卵の殻の塊のすぐそばにあった（写真上）。拡大すると（写真下）歯がないのがわかる。人間の赤ちゃんのように目が大きく、鼻が小さかった。成体サイズに成長するまで20年ほどかかり、頭骨は長さ1mほどになった。

恐竜の赤ちゃんはとてもかわいい。少なくとも私たちの目にはそう映る。サルタサウルス科の赤ちゃんの骨格を調べたところ、孵化したばかりの個体は吻部が短く、目が大きかったことがわかった。短い肢でよろよろと立ち、大きな目で見つめるその姿は、なんとも言えず愛らしかっただろう。しかし、この竜脚類の両親は、わが子のそんな姿を見ていなかったようなのだ。

大きな頭と目と膝には実用的な意味があった。恐竜（そして人間）の赤ちゃんの頭と目が大きいのは、成体（成人）に近い大きさの脳と目によって、相対的に小さい体のほかの部分の機能を助けるためだ。また、肘と膝が大きいのは、生涯にわたって高い機能性が必要なため、成長過程で大きさがあまり変化しないほうが好都合だからだ。

このサルタサウルス科の赤ちゃんの調査では、ほかの事実も明らかになった。この小さい恐竜の鼻先には、卵の殻を割るための卵歯がついていたのだ。

検証 成長率を測定する

今では恐竜の種の成長曲線を詳細に描くことができる。たとえば、ティラノサウルスは体重5～9tの成体サイズになるまで25年ほどかかり、成長率が最も高いときで年間767kg、1日に換算すると2.3kgずつ体重が増えていた。これはゾウ、ダチョウ、その他の恒温動物の最高成長率と一致する。

恐竜の成長の仕方は、成長の遅い外温動物のワニよりも鳥類の成長に似ていた。これは骨の構造や保温のための羽毛など（58ページ）、内温性のほかの証拠の裏付けにもなる。

フロリダ州立大学の古生物学者であるグレッグ・エリクソンは、恐竜の成長曲線を作成するために、骨格から年齢と体重を割り出した。年齢は骨に刻まれた年輪から推定され、体重は体長と大腿骨の長さか直径から推定できる。体重の推定値を割り出す際に最善の指標となってくれるのが大腿骨の直径だ。肢の太さは支えなければならない体の大きさ（体重）に比例するからだ。ゾウやバイソンなど体重が重い大きな動物は肢が太く、その類縁種で体重が軽い小型のシカやヤギは肢が細い。

年齢は骨に刻まれた年輪に表れる。恐竜の骨は良好な状態で保存されていることが多く（57ページ）、骨の薄片を顕微鏡で観察すると、まるで生体の骨のように詳細まで確認できる。このとき重要となるのが、成長停止線（LAG）と呼ばれる骨の内部の成長線だ。どんな恐竜にも、成長が速い時期と遅い時期があった。食糧が豊富な夏には体重の増加率が高く、成長線の間隔が広くて色が薄い。一方、食糧が枯渇する冬には成長が遅く、成長線の間隔が狭くて色が濃い。骨も木と同じく外周に向かって成長するため、後肢の骨や肋骨の成長停止線を見れば、恐竜の成長の過程を紐解くことができるというわけだ。

エリクソンは、ティラノサウルス科が種の体サイズの違いによって、15～20歳の異なる年齢で繁殖可能な成体サイズに達していたことを突き止めた。5歳まではゆっくり成長し、5歳から15歳までは成長スピードが速く、ときには1年で500kgも体重が増えることもあった。竜脚類のアパトサウルスはさらに成長スピードが速かった。体重30tの成体に成長するまでの15～20年に、年間5tずつ体重を増やしていた。史上最も成長率の高い生物だったと考えていいだろう。

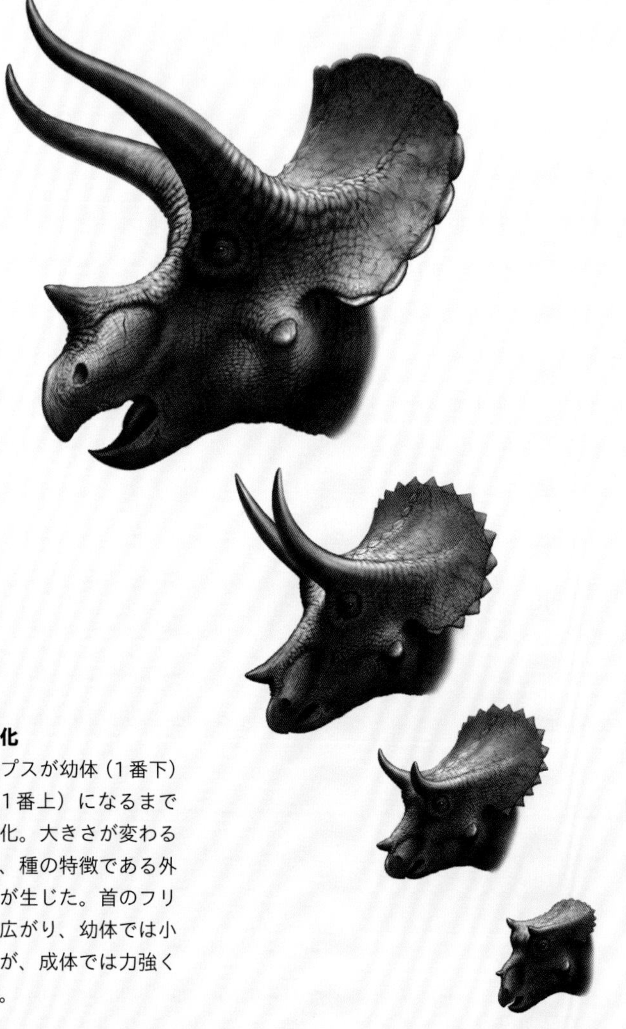

顔立ちの変化
トリケラトプスが幼体（1番下）から成体（1番上）になるまでの頭部の変化。大きさが変わるだけでなく、種の特徴である外見にも変化が生じた。首のフリルは大きく広がり、幼体では小さかった角が、成体では力強く伸びている。

ティラノサウルス科の成長
下のグラフは恐竜の年齢とともに増加する体重を表したもので、成長の1例としてティラノサウルス科の骨格をイラストで示している。年齢は骨の成長線から推定され、体重は骨と骨格全体の大きさから推定される。ティラノサウルス科の種は15～20歳で体重1～6tの異なる成体サイズに成長した。

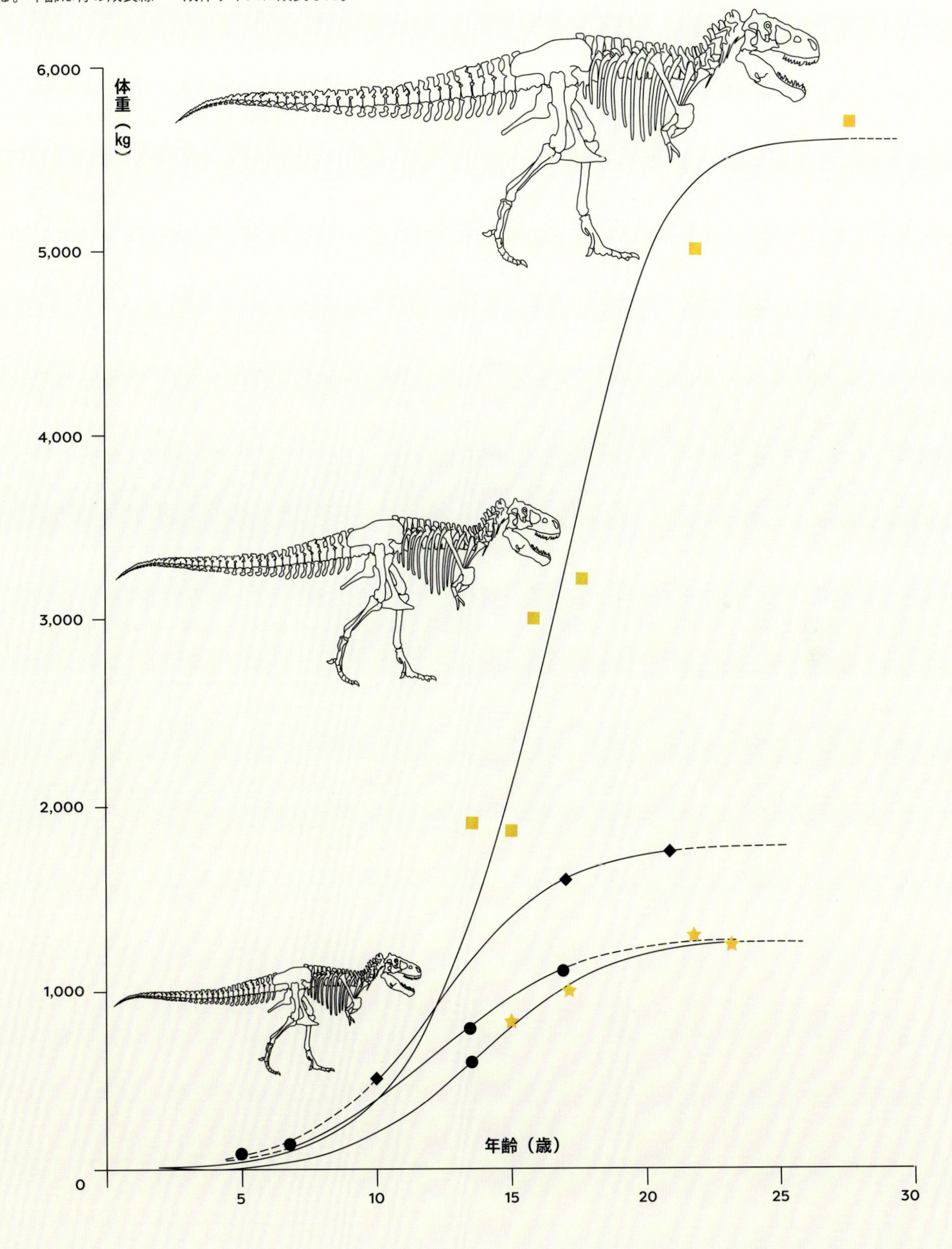

コミュニケーションと群れでの暮らし

動物のコミュニケーション方法は多種多様だ。とくに大きな群れを作って暮らす動物にはさまざまなコミュニケーションが見られる。恐竜は鳴き声ととさかや角の形でコミュニケーションを図っていたようだ。

私たちが考えるおもなコミュニケーション手段と言えば話し言葉だろう。人間は社会的な動物で、多くの時間を情報交換や意見と意思の伝達に費やしている。その手段として用いられるのが言語であり、世界には複雑な構造の言語が数千種も存在している。

動物と植物は、外見や色やディスプレイなど、言語以外の方法でコミュニケーションをとっている。鳥類はにぎやかな鳴き声やさえずり、羽毛の色や模様などの外見を用いたディスプレイ、ダンスや尾のディスプレイを行う。

ワニは声を使い分けてコミュニケーションを図っている。威嚇の声、うなり声、そして重低音のとどろく声だ。ワニが出す重低音はふつう人間の耳には聞こえないが、水中ではある程度の距離で聞くことができる。群れを支配するオスが重低音を響かせて、「オスどもは引っ込んでろ！　メスたちは大歓迎。俺さまはこんなに魅力的だぞ！」とアピールしているのだ。

恐竜の場合、とさかや角、羽毛や色が化石化して残っている。今では、ハドロサウルス科の恐竜が鳴らした音まで再現されるようになった（194ページ）。どうやら恐竜は社会的な生物で、コミュニケーションが得意だったようだ。

群れで暮らす

動物は単独で行動する独居性か、集団で暮らす群居性のいずれかに分類される。現在ではクマやヒョウなど多くの大型肉食動物が独居性で、狩りも単独で行っている。モグラ、スカンク、サイなどは、生活形態によって単独で行動することもある。その他の動物はほとんどが集団で生活している。

プシッタコサウルスの赤ちゃんが小さい群れを作って行動していたことがわかっているが（182～183ページ）、これはプシッタコサウルスが群居性だったことを示す証拠だ。捕食者が接近すれば息をひそめ、警告音を出したり尾を振ったりして、お互いに危険を知らせていたのだろう。

恐竜の種の多くが1か所で何頭も見つかれば、それが群れで暮らしていた証拠だと考えたくもなる。しかし、古生物学者はあらゆる角度から考察しなければならない。トリケラトプスの骨格が1か所で大量に見つかったとしても、嵐で氾濫した川に飲み込まれた死骸がたまたま1か所に流れ着いたのではないかと考えるのだ。

群居性のより確かな証拠は足跡化石だ。複数の行跡が並行したり交差したりして、動物がその場所を同時に通過したことを示している（84ページ）。しかし、足跡化石も慎重に考察する必要がある。それが同じ日に複数の個体によってつけられたものなのか、あるいは、1頭がお気に入りの餌場まで行ったり来たりした足跡ではないのかと、極端なシナリオまで想定して検討しなければならないのだ。

生物が集団で暮らすメリットは何だろう。群居性の利点はたくさんある。幼体を群れの真ん中に配置して保護することができるし、危険を知らせる見張りがいれば安心して食事もできる。また、捕食者が1頭だけなら群れで挑めば十分対抗できるし、移動するときも食糧を見つけやすい。その一方で、集団行動にはデメリットもある。植物食恐竜の群れは1か所の植物をすぐに食べつくしてしまうため、しょっちゅう新たな餌場を探して移動しなければならない。毎年季節が変わるたびに、多くの恐竜が豊かな食糧を求めて数千kmもの距離を移動していたのだ。

視覚コミュニケーションのための頭部の装飾と羽毛

群れを形成するすべての恐竜が個々に特徴を持っていたが、メスとオスとの違いや（167ページ）、幼体と成体との違いもあったようだ。それらの違いは、現生鳥類と同じように、種特有の羽毛や頭のとさかなど、外見の特徴に現れていたと考えられている。

最もよく知られる外観的特徴はハドロサウルス科の頭部だろう。とさかを持たない種から、ふせたお皿のようなとさかや、突起状のとさか、カーブしたとげ状のとさかを持つ種まで、頭部の形状がバラエティに富んでいた。成体の頭部の装飾はとてもカラフルで、色で仲間を識別したり、アピールしたりできていた可能性がある。また、とさかをトランペットのように鳴らすことができたようだ（194ページ）。

赤ちゃんから成体へ
パラサウロロフスの赤ちゃん（手前）は頭のとさかが短く、鼻から空気を送ると高い音が鳴ったようだ。成体（奥）はより長いとさかを持ち、鼻から吸い込んだ空気をとさかに送り込むと、トランペットのような低音が鳴り響いたと考えられている。

ケラトプス類のとさかと集団防衛

白亜紀後期のケラトプス類はすべての種の体形が似ていたが、頭部の構造は種によって違っていた。いくつかの地域で3〜4種の骨格が同時に見つかっていることから、現在のアフリカの草原でシカやアンテロープが一緒に草を食んでいるように、異なる複数の種が1か所で共存していたと考えられる。

ケラトプス類が頭部に備えた複数の角には2つの役割があったようだ。1つはコミュニケーションのため、もう1つは防具としての役割だ。種によってとさかと角の形状が違っていたため、私た

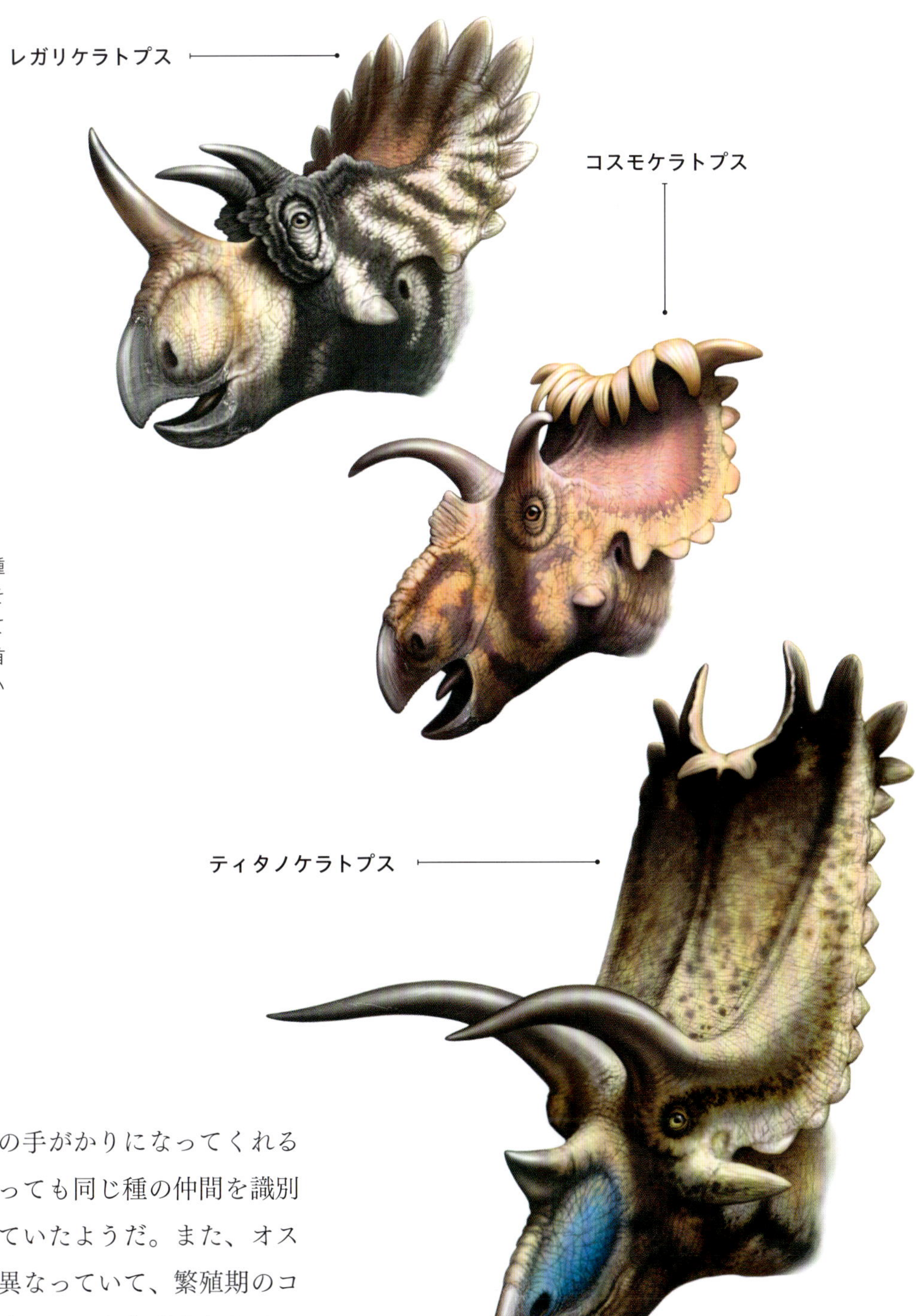

立派な頭部の装飾
白亜紀後期のケラトプス類の種はみんな骨格がそっくりで、その多くが北アメリカで共存していた。ただし、鼻や額の角、首のフリルは種によって違っていた。

ちが種を見分けるときの手がかりになってくれるが、ケラトプス類にとっても同じ種の仲間を識別するための目印になっていたようだ。また、オスとメスでも角の形状が異なっていて、繁殖期のコミュニケーションに役立っていたと考えられる。

角に防衛の役割があったのは一目瞭然だろう。捕食者が至近距離まで近づけば、足を踏ん張って相手に角をグサリと突き刺し、内臓をえぐり出して返り討ちにした。現在のスイギュウやジャコウウシの行動から考えれば、反撃に遭って逃げ出そうとする捕食者の周りをぐるぐると回りながら、角で追い詰めていたかもしれない。

検証

ハドロサウルス科の音声コミュニケーションを探る

ハドロサウルス科の恐竜が発していた音はほぼ解明できたと言われている。ハドロサウルス科の頭部のとさかは鼻骨(びこつ)からなり、内部に呼吸管が通っていたことが明らかになっている。

オハイオ大学のデヴィッド・エヴァンスとローレンス・ウィットマーらのチームが、コリトサウルスの頭骨をCTスキャンで検査したところ、幼体の鼻腔は成体よりも短く、幼体は成体よりも高い音を出していたことがわかった。また、鼻腔内の呼吸管周辺にある膜組織を膨らませ、音の高さを調節していたようだ。振動を与えて音を遠くまで響かせていたのだろう。

音を用いたコミュニケーションについてはすでに100年前に指摘されていたが、1980年代に古生物学者のデヴィッド・ワイシャンペルが詳細な研究を行った。ワイシャンペルが調査したのは、後頭部から長い管状のとさかが伸びたハドロサウルス科のパラサウロロフスだった。幼体のとさかは短いが、成体に成長するとともに長く伸び、またオスとメスでも形状が違っていると考えられた。

パラサウロロフスのとさかの通気道を調べたワイシャンペルは、曲が

恐竜の頭の中

右の図はハドロサウルス科の頭部をX線スキャンしたもので、脳（紫）と鼻腔（緑）を確認することができる。ハドロサウルス科のとさかの中には複雑な鼻腔が通っている。この曲がりくねった鼻腔の構造がトランペットのように音を増幅させ、警笛のような大きな音を響かせることができた。

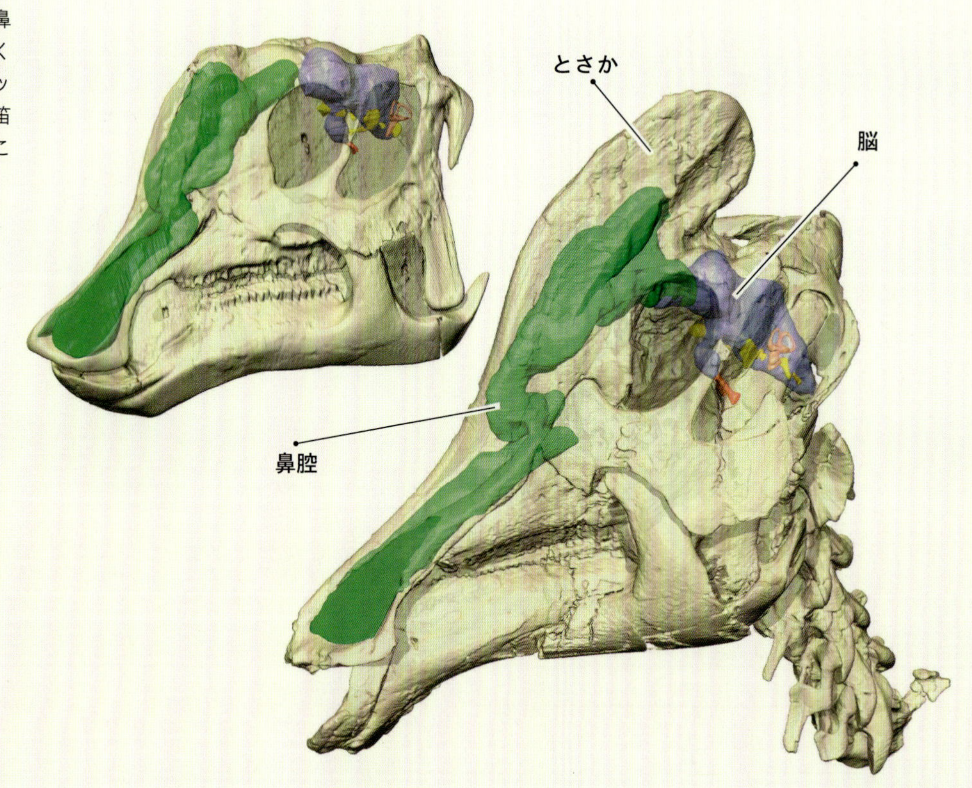

りくねった構造がトランペットなどの管楽器に似ていることに気がついた。なかでもとくにクルムホルンというドイツの古い楽器に形がそっくりだった。クルムホルンは大きな低音を遠くまで響かせることができる。ワイシャンペルらはパラサウロロフスがこの楽器と同じような音を鳴らしたのではないかと考えた。群れの中のオスとメスは異なる音程で短音や長音を使い分け、メッセージを送り合っていたのだろう。幼体はさえずるような高い音を出していたようだ。

ワイシャンペルは厚紙とプラスチックを用いてとさかの実物大模型を製作し、音のテストを実施した。さらにアメリカのサンディア国立研究所の科学者たちが鼻腔を3Dスキャンし、楽器の設計をテストするコンピュータプログラムを用いて試験した。コンピュータプログラムのシミュレーションで、生体の皮膚に覆われた管にさまざまな量の空気を流してみたところ、ワイシャンペルが製作した模型と同じような音が鳴ることが確認された。恐竜の音の再現はYouTubeで聞くことができる。

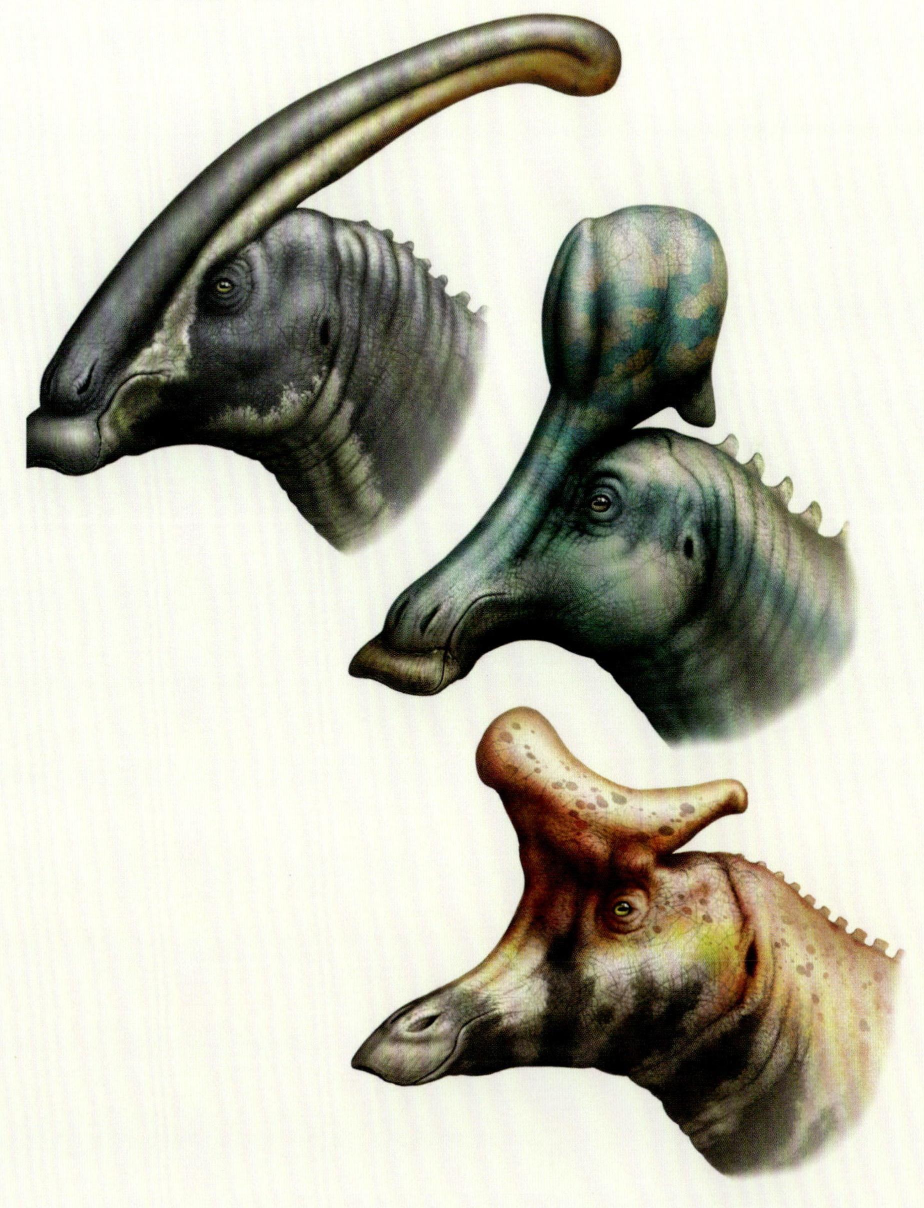

ハドロサウルス科の頭部のとさか
ハドロサウルス科の恐竜の中には頭部に立派なとさかを備えていた種が数多く存在する。その形状は種によってさまざまで、長い管状のもの（パラサウロロフス：上）、突起のある風船型のもの（オロロティタン：中）、手斧型のもの（ランベオサウルス：下）があった。

第7章

恐竜と人類

DINOSAURS AND HUMANS

絶滅

今から約6600万年前、地球に衝突した小惑星によって恐竜の命は奪われた。そんな中、鳥類や哺乳類、恐竜以外の爬虫類の仲間は生き残り、のちに世界中で繁栄した。

多くの人が恐竜と聞いて連想するのが「絶滅」という言葉だろう。しかし、本書で紹介してきたように、地球を支配していた恐竜にはさまざまな興味深い側面がある。恐竜の絶滅を契機として、哺乳類の人類が現れた。人類が生き残り、現在まで繁栄してこられたのは、約6600万年前に恐竜が姿を消したからだ。

恐竜の絶滅について考えるときは、何が恐竜を死へ追いやったのか、どうして突然いなくなったのか、そのいきさつに着目するべきだ。恐竜は約2億3000万年前の三畳紀後期には地球に存在していて、少なくとも約1億6000万年にわたって生態系の頂点に君臨し続けた。恐竜は一瞬の出来事によって絶滅したのだろうか、それとも何かほかに原因があったのだろうか。小惑星衝突か大規模な火山噴火のいずれかが原因だったのだろうか。それらの出来事のあと、地球はどのように回復し、どの生物が生き残って生態系を支配したのだろう。

白亜紀末に絶滅したのは恐竜だけではない。飛翔する翼竜類（24ページ）と、プレシオサウルス類やモササウルス類（17ページ）などの海棲爬虫類も絶滅した。哺乳類の多くのグループ、鳥類、爬虫類も大打撃を受けたが、生き残った種もあった。陸棲の昆虫や植物、海棲の軟体動物、サンゴ､魚類の多くも犠牲となった｡生息数が多かったアンモナイトやベレムナイトも姿を消した。

小惑星衝突

地球史において、過去50年で最も驚くべき発見の1つが、直径10㎞、重量1兆t超の小惑星の衝突だ。メキシコ南東部のチチュルブという小さな村を中心に直径200㎞のクレーターが残っていて、調査の結果、それが今から約6600万年前の白亜紀末にできたものだということがわかった。

この小惑星衝突が引き起こした世界的な災害の傷跡は現在まで残っている。地球にぶつかった巨大な小惑星は地殻を突き破り、マントルまで達して衝突蒸発が起こった。衝突によって甚大なエネルギーが生じ、数十億tもの岩石や岩屑が大気中へ高く吹き飛ばされた。爆風の影響で巨大なクレーターができ、空中に舞い上がった岩石が重力で再び地上に降り注いだ。

細かい岩屑はすぐには地上に舞い降りず、大気の上層で漂っていた。建物ほどもあろうかという巨大岩石が地上に落下する一方で、さらに2つの現象が起こっていた。小惑星が海にぶつかったせいで数百km規模の大津波が全方位に起こり、メキシコとアメリカの海岸に津波堆積物が押し寄せた。そして、衝突の衝撃で岩盤が溶解して数百万tものガラス小球となって飛び散り、上空で冷却されて広い範囲に降り注いだのだ。

やがて、大気上層で浮遊していた粉塵が暴風雨とともに地上へ降り、それと同時にイリジウムを豊富に含む小惑星の残骸も地上へ落下した。イリジウムは白金や金と化学的に同類だが、地球ではめずらしいレアメタルで、そのほとんどが宇宙由来だ。

この4つの物理的影響を今でも見ることができる。メキシコのクレーター周辺に礫が運ばれて礫岩となり、メキシコとアメリカ南部の海岸には津波堆積物の巨大岩石が無秩序に積み上げられている。溶解したガラス小球がカリブ海からアメリカのダコタ州まで広範囲で見られ、天災の終息を示すイリジウムを含んだ粉塵層が世界中で確認されている。

チチュルブの天災

小惑星衝突の中心付近では爆発が激しく、全ての生物が一掃された。周辺地域では熱風が吹いて、すべての生物を死に至らしめた。その周りではすべての生物が聴力を失い、もしその周辺に建物があったなら、ガラスが粉々に砕けていただろう。

あらゆる生命体が消滅

致死レベルの爆風

鼓膜を損傷

ガラスを損壊

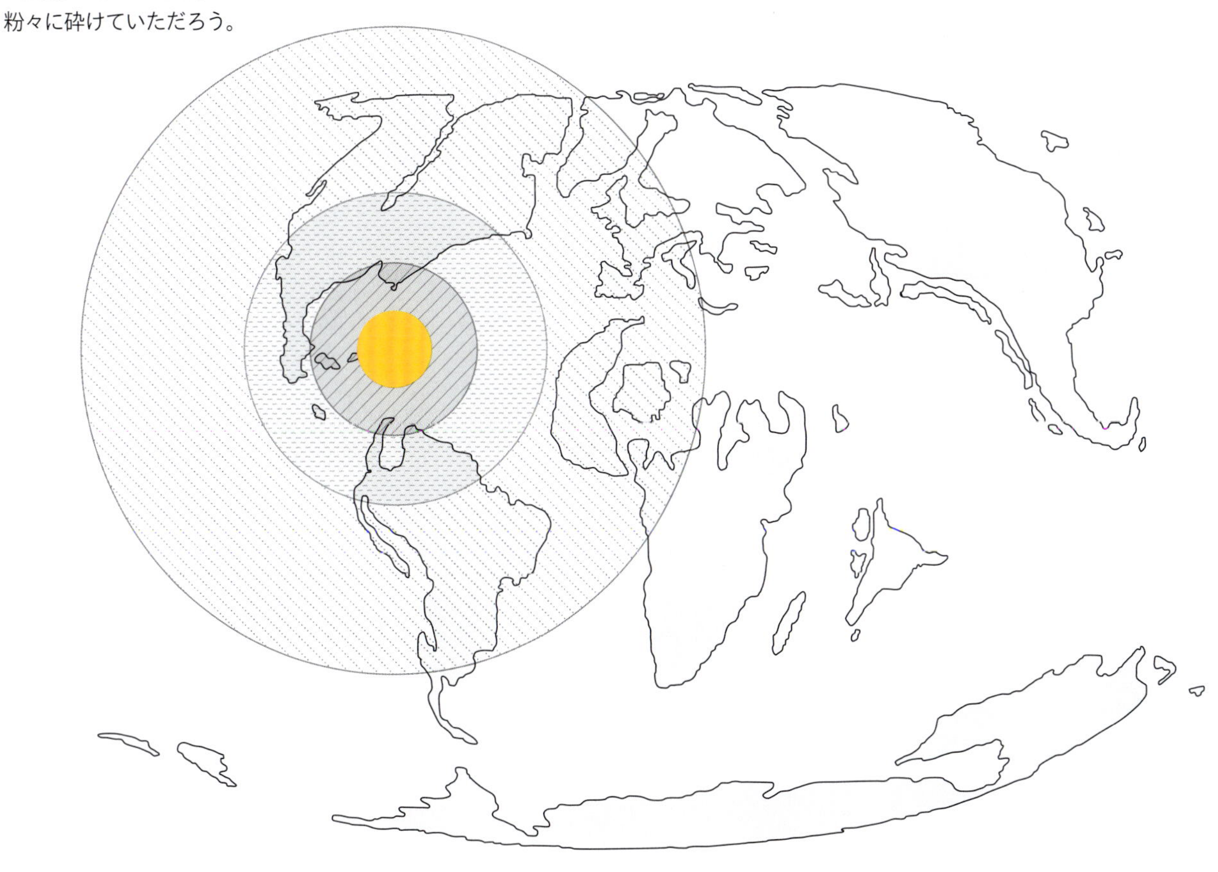

前ページ
恐竜最期の日。鳥脚類のテスケロサウルスが怯えた様子で逃げまどい、翼竜類のケツァルコアトルスが空中を飛んでいく。数百km離れた場所で起こった小惑星衝突の衝撃で、溶解したガラス小球が赤々と燃えて降り注ぎ、恐竜たちの皮膚を焼け焦がした。

右
ノースダコタ州タニス遺跡から見つかったヘラチョウザメの頭部の化石。

生物へのダメージは地球規模に及んだ。衝突現場に近い地域では、木から恐竜まで、すべての生命体が吹き飛ばされ、何もかもが燃え尽きた。数百km先の地域でも全ての生物が死に絶えたが、原因は焼死ではなかったようだ。3,200km先にもガラス小球が降り、爆風が届き、地表が揺れた痕跡がノースダコタ州のタニス遺跡に残されている。最も多くの生物が命を落としたのは、小惑星衝突後、数週間から数か月のあいだだった。大気中を浮遊する粉塵が太陽光を遮り、地球が暗闇に包まれて気温が急激に低下したのだ。

世界の陸地および海中から高いイリジウム値が検出されている。これは小惑星衝突の際に舞い上がった粉塵が世界中の大陸に降り注ぎ、海洋に沈んだことの証明だ。ハイチのベロクにある地層には衝突の証拠が保存されている。ガラス小球と、津波堆積物の無秩序な厚い層の上に、イリジウムを豊富に含んだ薄い粘土層が重なっているのだ。

恐竜最期の日

2022年に放送されたBBCのドキュメンタリー番組『Dinosaurs: The Final Day（恐竜最期の日）』で、自然科学界の権威であるデヴィッド・アッテンボローと、著名な若手研究者のロバート・デ・パルマが対談した。デ・パルマは長年にわたってノースダコタ州のタニス遺跡で調査を行っている。タニス遺跡の岩石は、モンタナ州、ノースダコタ州、サウスダコタ州、ワイオミング州に分布するヘルクリーク層のものだ。デ・パルマはそこで恐竜、カメ類、哺乳類、魚類の化石を発見したが、それらは全て明らかに白亜紀最後の日に絶命したものだった。突拍子もない説のように聞こえるが、その信ぴょう性は高い。デ・パルマはさらに小惑星衝突は5月末から6月初頭に発生したことを突き止めた。

タニスはその当時、北アメリカを分断する西部内陸海路（19ページ）沿いに位置していた。岩石に残る痕跡から、チチュルブの小惑星衝突の衝

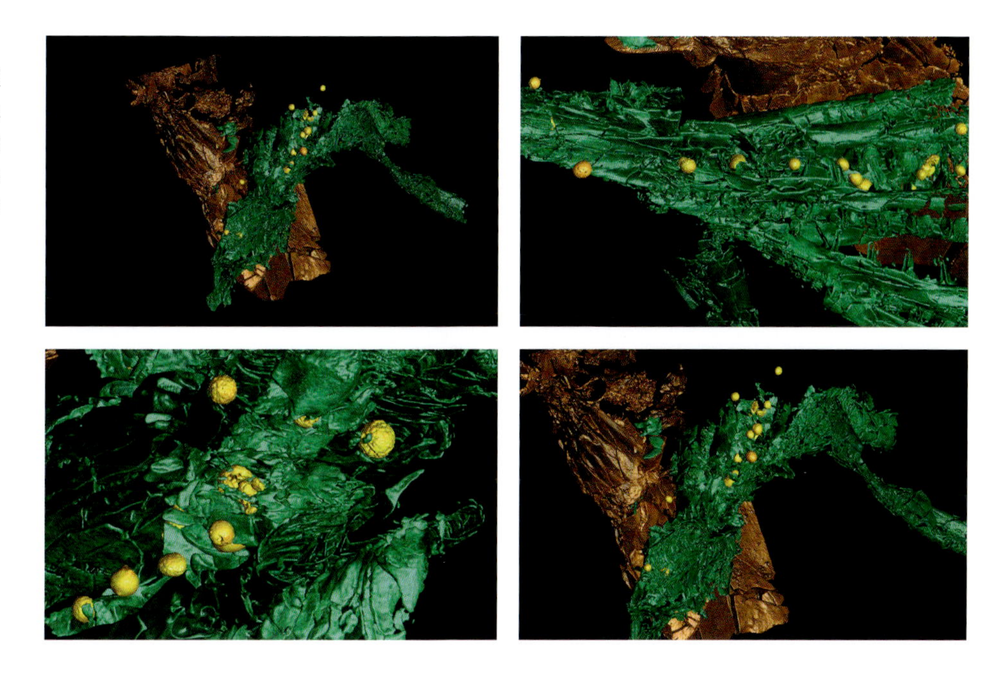

ガラス小球
光の粒のように見えるのが白亜紀末に小惑星衝突の衝撃で地上に降り注いだガラス小球だ。蛍光照明による着色合成画像で魚類の骨（茶色）と軟骨も確認できる。

撃で発生した地震波で、海路の水が両方向へ押し流されたことがうかがえる。地震により発生する衝撃波は、地表を揺らしたり振動させたりする。化石が大量に見つかった現場からはチチュルブのものと一致するガラス小球が大量に見つかり、その一部に小惑星の残骸も含まれているという。

小惑星衝突により発生した衝撃波とガラス小球が、太陽光の遮断と気温低下とともに、タニスの生物を皆殺しにしたのだろうか。デ・パルマはその全ての物的証拠をアッテンボローに示した。ガラス小球は動物の骨や大型チョウザメの鰓からも見つかっている。チョウザメは全長約1mの捕食者だ。ある暑い日に食糧を探して泳いでいると、空から高温のガラス小球が降ってきた。小球はジュージューと音を立てて水に落ち、魚たちは水中を泳いで逃げた。しかし、ガラス小球は降り続き、呼吸をしようと水面から顔を出したチョウザメが高温の小球を大量に飲み込んでしまい、鰓に入った小球が肉を焦がした。熱と圧力が大気と水面から酸素を奪い、魚は水中で窒息死し、恐竜は陸で息絶えた。

博士課程の学生だったメラニー・ドゥリングが、チョウザメの骨の薄片に、恐竜にも見られるような季節ごとの成長線（188ページ）を発見した。ドゥリングとデ・パルマらは現在のチョウザメとの比較分析を行い、その古代のチョウザメが6歳だったことを突き止めた。また成長線が春の発育期の始まりを示していたことから、命を落としたのが5月か6月だったとわかったのだ。

衝突か、噴火か

地質学者と古生物学者は長らく大量絶滅の本当の原因について論争を続けてきた。生物を絶滅に追いやったのは小惑星衝突だったのか、それとも火山噴火だったのか。インドでは大規模な火山噴火が発生し、デカン・トラップと呼ばれる面積50万km^2の痕跡を残している。白亜紀末の直前に噴火を始めた火山から数十億tもの溶岩が流れ出し、大量絶滅と時期を同じくして噴火がピークを迎えた。

　火山噴火がどのように生物の命を奪うのだろう。地球は過去に大規模な火山噴火による危機に何度も見舞われている。世界規模で生物を死に至らしめるのは溶岩ではなく、むしろ大気に噴出される火山ガスだ。二酸化炭素、メタン、水蒸気などの温室効果ガスが気温を上昇させ、高温に耐えられなくなった陸と海の生物から命を奪う。

　しかし、現在では、多くの生物の命を奪ったのは、デカン・トラップの火山噴火ではなく、チチュルブの小惑星衝突だったことが明らかになっている。新しい証拠を示したのは古生物学者のセリ・ハルだった。デカン・トラップで最大の噴火が起こったのは白亜紀が終わる約20万年前だったが、ほとんどの生物が絶滅したのは白亜紀末で、その頃にちょうど小惑星が地球に衝突したという証拠を示したのだ。

火山地形

インド北部にあるデカン・トラップの現在の様子。西ガーツ山脈のコイナ湖のほとりに溶岩が残り、モンスーンの季節には花が咲く。白亜紀が終わりを迎える前に大規模な火山噴火が起こり、世界的な温暖化と生物の絶滅の引き金となったが、大量絶滅を引き起こしたのはその20万年後の白亜紀末に起こった小惑星衝突だった。

検証 大量絶滅の経過を調べる

白亜紀末の大量絶滅はチチュルブに小惑星が衝突した一瞬のうちに起こったのだろうか。小惑星衝突が大量絶滅の原因になったことは疑いようもないが、それ以前にも生物が絶滅する2つの出来事があった。デカン・トラップの火山噴火と気候変動による気温低下だ。

地質学者は岩石と化石の酸素同位体から過去の大気と海面の温度を割り出す。酸素同位体の測定値は生物が消費していた水と食物の情報を示してくれるが（150ページ）、同時期における多くの測定値を平均すれば、当時の気温を知ることもできる。同位体測定の結果、白亜紀全体で世界の平均気温が温室レベルの25～30℃から15～20℃まで下がり、その後さらに現在の地球の平均気温とほぼ同じ10～15℃にまで下がったことがわかっている。

気温が低下し、恐竜の主食ではない被子植物が繁栄して（152ページ）地球の景観が変わったことが、恐竜の種数を減少させたとは考えられないだろうか。この説には賛否があるが、最近の研究では恐竜の種数が減少していたのではないにしろ、白亜紀が終わる約4000万年前には全盛期を過ぎていたということがわかった。

それらの調査はベイズ統計学という新しい数学的手法を用いたもので、主観的な確率（事前確率）で分析をスタートし、新たな情報を得るごとに不確実性を更新していく（事後確率）。不確実性には化石の種数や岩石の年代、岩石記録の欠落も含まれる。ときには数週間かけて、あらゆる不確実性をカバーするデータ

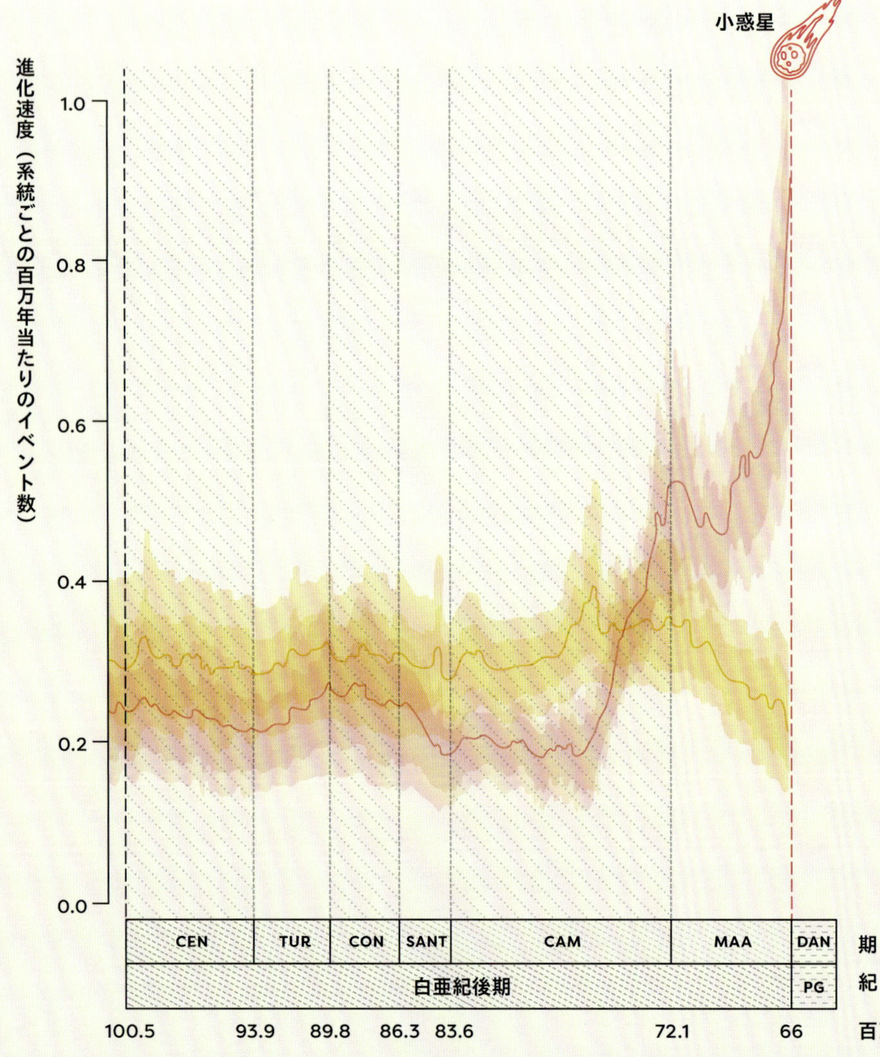

恐竜の種分化速度と絶滅速度の追跡
約6600万年前に恐竜が絶滅するまでの白亜紀後期の約3400万年間では、恐竜の種分化速度（黄色）にあまり変化が見られないが、絶滅速度（赤色）が白亜紀最後の約1000万年間で急激に速くなっている。

CEN：セノマニアン
TUR：チューロニアン
CON：コニアシアン
SANT：サントニアン
CAM：カンパニアン
MAA：マーストリヒチアン
DAN：ダニアン
PG：古第三紀

種分化速度
絶滅速度

をコンピュータで処理し、最終的に最適解と事後確率を導き出す。

世界と北アメリカの恐竜の化石記録を調べたところ、明らかな種数の減少が認められた。新種の発生速度が白亜紀末までの約500万年で落ち込んでいるが、種の絶滅速度は劇的に上がっていた。ただし、すべてのグループに同じ傾向が見られたわけではなく、ハドロサウルス科とケラトプス類は気候変動も乗り越えて生き残った。

タイムマシーンでヘルクリーク層などの白亜紀後期の世界を訪れたとしても、種数の減少を実感することはないだろう。その時代は恐竜とその他の陸棲動物であふれかえっていたのだ。しかし、北アメリカ全体でも、また世界レベルでも、恐竜の種数は減少していた。ただし、種の個体数が減少していたかどうかはわからない。

恐竜の総多様化速度*の追跡

約6600万年前に恐竜が絶滅するまでの白亜紀後期の約3400万年間では、種分化速度と絶滅速度（左グラフ）を合わせると多様性は安定しているが、白亜紀最後の数百万年に長期的かつ急激な減少が見られ、白亜紀末には小惑星衝突が起こった。

*［訳注］種分化速度から絶滅速度を差し引いたもの。

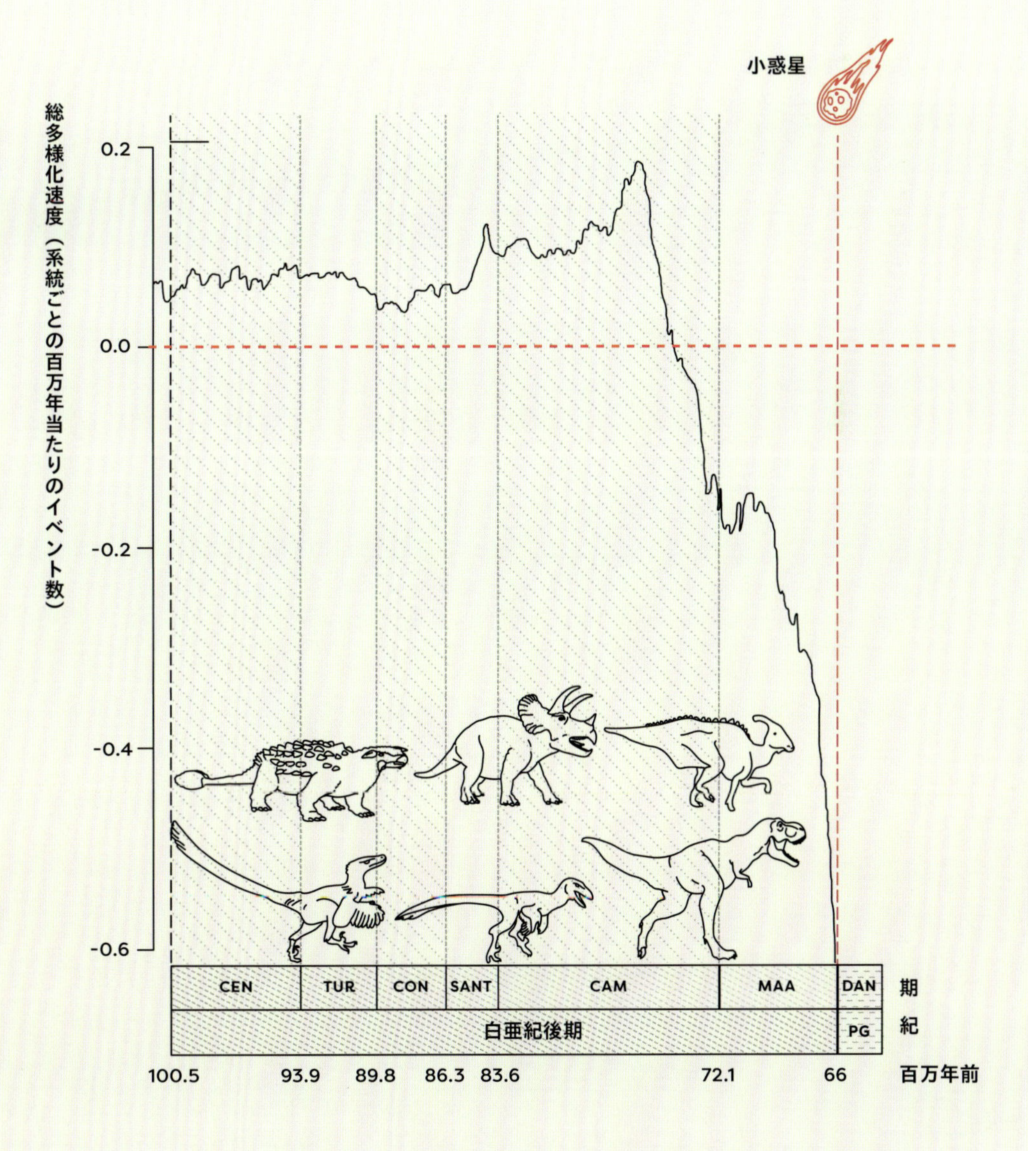

大量絶滅の生存者と現在の世界

人類から見れば、約 6600 万年前に恐竜が絶滅したことにより、ようやく哺乳類の時代が到来したということになる。

人間は霊長類（れいちょうるい）に属している。霊長類の仲間には、キツネザル、サル、類人猿がある。霊長類の起源は白亜紀直後の古第三紀（約6600万～2300万年前）にあるが、哺乳類が実は恐竜と同じ三畳紀に誕生し、恐竜とともにジュラ紀と白亜紀を生きていた事実は忘れがちだ。初期の哺乳類はさまざまな習性と食性を持つ多くのグループに多様化したが、体がネコより大きな種はいなかった。

新たな研究で、恐竜が突然姿を消したことによって、哺乳類が進化上の抑圧から解放されていたことがわかった。恐竜が「大型生物」として世界中で幅を利かせる陰で、哺乳類は肩身の狭い暮らしを強いられ、小さい体を保ったまま夜間に採餌する生活を続けていた。しかし、恐竜がいなくなると、哺乳類や鳥類、ワニ類が開放的に行動するようになったのだ。

古第三紀には、この3つのグループが急速に進化して自由な暮らしを謳歌し、新種が次々と誕生した。南アメリカ大陸では背丈が2.7mもある大型の鳥類であるフォルスラコスが、ヒツジほどの大きさの哺乳類を捕食していた。ほかの地域では、大型のワニ類が陸上生活により適応して捕食者の頂点となった。しかし、哺乳類が陸上で優位に立つまでにはしばらく時間がかかったようだ。

生存者たち
哺乳類と鳥類はジュラ紀と白亜紀に恐竜と共生し、そのうち数種が大量絶滅を乗り越えて生き残った。約6600万年前から生存していた古代の巨大海鳥のダソルニス、大型ペンギンのパレユーディプテス、現在のニワトリやアヒルに近縁な植物食の飛べない鳥であるガストルニスなどがいた。

大量絶滅から数百万年で地球の風景は様変わりした。白亜紀に誕生した被子植物（152ページ）が陸上を支配し、恐竜に刈り取られることがなくなった樹木が生い茂った。温暖な地域には最初の熱帯雨林が現れた。ウマ、ウシ、トガリネズミ、ネズミ、ネコ、イヌ、サルなどの現生動物の原始的な種が多数誕生した。その時代には角を持つ大型の哺乳類など奇妙な動物も繁栄したが、現在まで生き残ることはなかった。

最初の霊長類は小型で長い尾を持つネズミのような動物で、樹木の上を走り回って昆虫を捕食していた。プレシアダピスなどいくつかの種はより大型で、豊かな毛をたたえた尾を持ち、力強い手足で木の枝を摑むことができた。それらの哺乳類は木の葉を食べる植物食だった。霊長類は古第三紀にキツネザルとメガネザルのグループと、サルと類人猿のグループに分化した。数種のサルは南アメリカにわたって独自の特徴を進化させ、尾を木々を摑むことができる第5の肢として発達させせた。

アフリカとヨーロッパでは別のグループのサルが尾を消失させ、木から木へと渡り歩くことができる力強い腕を発達させせた。これが類人猿のはじまりであり、今から約500万年前に現在のゴリラやチンパンジー、ヒトが誕生するきっかけとなった。

古生物学の世界

恐竜絶滅後の哺乳類の進化と繁栄という点で、人類は恐竜とつながっている。また、人々の恐竜への関心は高く、恐竜に関する研究や仕事を通して関わりは現在も続いている。

私たちは自分たちを取り巻く世界をどのようにして理解してきたのだろう。先人たちは数千年にわたり、あらゆることに着目して議論と解明を続けてきた。太陽はどうして毎日同じ方角に昇るのか。食べられる植物をどのように育てるのか。人間はどうして病気になるのか。これらの疑問は過去200年間で科学分野として解き明かされ、科学的知見の追求そのものが職業として確立された。

医学や農業、宇宙の分野で新しい概念を取り扱う科学者は、厳格なルールに則って研究しなければならない。1つ目のルールは誠実性だ。データを捏造してはならず、いかなる新しい概念にも証拠を示さなければならない。これに関係する2つ目のルールが再現性だ。ある説を提示する場合(恐竜の新種、がんの治療法の発見など)、研究者は証拠を示すだけでなく、他者がその証拠を確認できなければならない。このように、専門分野の科学では世界共通のシステムが確立され、本当の科学とナンセンスの境界を管理しているのだ。

専門家としての基準

研究結果は査読を経て学術誌に発表される。この行程はいわば裁判のようなもので、専門家によって構成される審査委員会に対して、自らの立てた説と証拠の誠実性および研究の再現性を示し、データに捏造がないことを証明しなければならない。「査読」とはつまり、同じ専門分野の権威ある査読者が論文の内容を確認し評価を行うことである。

こうした手順を踏むことは、その情報源の信頼性が保証され、その他の情報の扱いに慎重になれるという点でも重要だ。本書で紹介した研究結果は、すべて査読を経た丁寧な調査に基づいている。また、雑誌や新聞などの情報媒体やウィキペディアなどの科学系ウェブサイトでもこうしたルールは重視されている。

5本の肢を持つ新種の恐竜が見つかったという話や、どんな疾患も治る奇跡の薬が開発されたというニュースをどこかで目にすることがあるかもしれない。しかし、そういった情報には注意して接する必要がある。専門家による記事が引用され

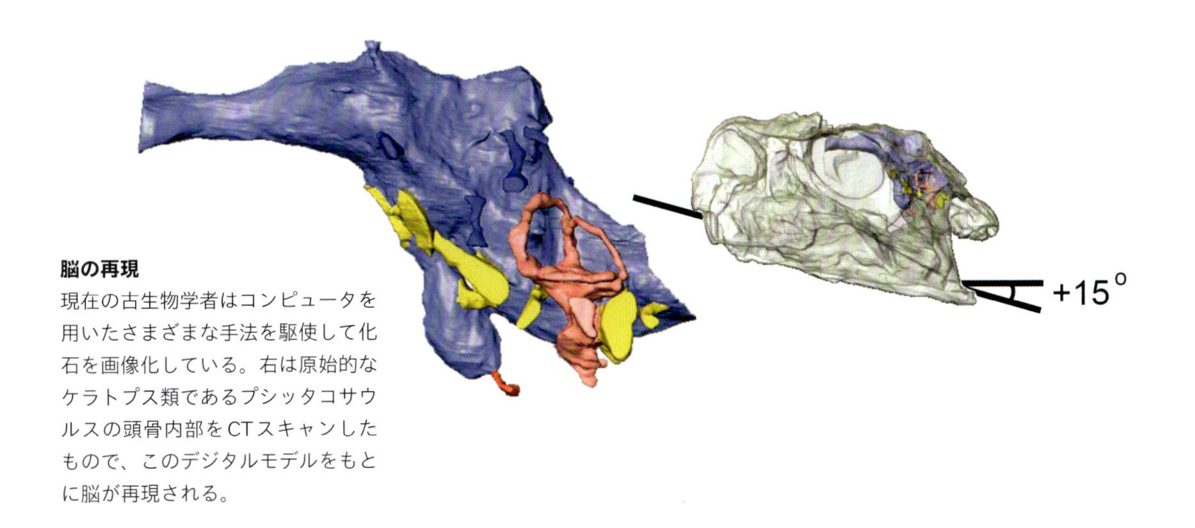

脳の再現
現在の古生物学者はコンピュータを用いたさまざまな手法を駆使して化石を画像化している。右は原始的なケラトプス類であるプシッタコサウルスの頭骨内部をCTスキャンしたもので、このデジタルモデルをもとに脳が再現される。

ているか、また正当な証拠があるか確認しなければならない。

科学的な信頼を得るには、科学者自身が徹底した訓練を受ける必要があり、その上で多くの大学や博物館で古生物学者として働いている。古生物学者の仕事について見てみよう。

研究室で働く

恐竜化石の発掘現場でのフィールドワークはすでにお話ししたとおりだ（30〜31ページ）。そして、発掘は研究のはじまりにすぎない。（もちろん）大きい骨格が見つかることもあり、その場合はそれぞれ1tほどの岩石に分割しなければならない。標本の運搬と取り扱いには注意が必要だ。研究室に持ち帰ってからも、岩石を取り除いて骨を剖出する作業に何か月もかけ、それからようやく研究を始められる。

見つかった恐竜の骨格化石すべてが展示されるわけではない。世界の博物館ではすでにさまざまな標本が展示されていて、新たに見つかった化石の状態がそれ以上のものではなかったり、あるいは同じ種の骨格がすでに展示されていたりする。研究室での実務はプレパレーターと呼ばれる専門スタッフが行っている。プレパレーターとは古生物学と解剖学を学び、さまざまな器具についての知識が豊富な化石クリーニングの専門家だ。岩石を取り除く専門機材、化学薬品を使用するときに骨を保護する方法、キャストやモールドの製作についての知識がある。

骨格を展示する場合はさらに専門的なスキルが必要だ。骨を正しく同定し、アーマチュアを正しく構築しなければならない。アーマチュアとは金属またはプラスチック製の枠組みで、骨をつなげて骨格を作り上げるためのフレームだ。本物の骨を組み立てる場合は重量が数tにもなるため、標本が崩れ落ちないよう熟練の技が求められる。

古代生物の生きた姿をイラストや3Dモデルで再現するのはパレオアーティストの仕事だ。パレオアーティストには芸術の才能、解剖学や生物に関する知識、さまざまな材料を使って模型を製作するための専門的な技術が必要だ。模型やイラストが正しく再現できているか、古生物学者とも協力して確認する（51ページ）。

古生物学者がよく使うツールはいくつかある。過去30年間で最も重宝されたのがCTスキャンだ（108～109ページ）。研究室の技術者たちは最適な調査ができるよう、スキャナー操作の訓練を受けている。岩石の内部から骨の内部まで調べられるよう、X線を用いた医療グレードのスキャナーを使用する。骨は成長停止線（188ページ）を含めて詳細に観察することができる。スキャンは頭骨や骨格の3Dデジタルモデルの製作にも役立てられる。3Dデジタルモデルは外見の再現だけでなく、顎の咬合力（141ページ）や歩行様式（78～79ページ）など、運動的側面の解明にも重要な役割を担う。

新たな研究

古生物学者のおもな仕事は化石を次々発掘することだと思われがちだ。もちろん化石を発掘する

化石クリーニング
恐竜の骨化石の多くは岩石に覆われている。そこで専門の技術者が専用機材を使って根気よく岩石を取り除き、骨の細部を露出させる。

ことも重要で、どの種がどの時代のどの地域で生息していたか特定しなければならない。しかし、今では恐竜の暮らしぶりまで詳細に調べられるようになっている。数年前までは想像と推測で成り立っていた恐竜学が、今では羽毛の色や鳴き声まで再現できるようになったのだ。

本書で取り上げてきた調査は物理学や生体力学の手法に基づいている。恐竜がどのように歩行していたか、顎をどのように動かしていたかなど、機械工学の標準的な分析方法を用いて古生物の動きを再現する。こうした研究の中で、ときに途方もない発見に出会うこともある。恐竜やその他の古生物は、現生動物では考えも及ばないようなスケールで行動することもあった。たとえば、ティラノサウルスの咬合力はホホジロザメの10倍もあったし、巨大な翼竜は現生鳥類の最大種の10倍もある体で飛翔していた。

古気候と動物の食性にも化学的にアプローチすることができる。酸素と炭素の同位体からは大気と温度の情報が詳細に得られ（206ページ）、酸素と窒素の同位体からは動物が食べていたものを特定できる（150ページ）。化石の崩壊や保存を調べるときや、皮膚や羽毛の色を決める色素を特定する際にも化学が用いられる（172～173ページ）。

進化のパターンやプロセスを割り出す際には数学が用いられる。たとえば、大量絶滅に関連した進化速度の研究（34ページ、198～207ページ）では、白亜紀の恐竜化石に関するすべての年代や種の名前と詳細なデータを集め、そのデータをもとに新種の形成速度、絶滅速度、そして保存率を算出する。機能の進化については、たとえば古生物の顎（141ページ）の適応がいつ、どのように起こったのか、工学的解析と系統樹を組み合わせて答えを導き出す。

古生物学者としてのキャリア

古生物について知られていないことはたくさんある。現在のちびっ子アマチュア古生物学者が将来プロの古生物学者になって、三畳紀前期から中期に生息した最初の恐竜を発見するかもしれない。巨大な恐竜が体組織をどのようにはたらかせていたのか、鳥類がどうやって飛翔するようになったのか、恐竜の生態系がどのように機能していたのか、また、白亜紀末の大量絶滅がどのようにして起こったかなど、もっと詳細に知ることになるだろう。こうした疑問は生物の起源と多様性、気候の変動、種の絶滅と保全という大きなテーマを理解するうえで重要な意味を持つ。

こうした壮大な科学的疑問と、過去20年間に開発されたすばらしい科学的技術の数々は、古生物学の研究が必要とされていることの証明と言える。古生物学への人々の関心も高く、映画や書籍、ドキュメンタリー番組や博物館の展示も人気を呼んでいる。こうしたニーズが新たな科学のニーズを生み、それに関わる人材も求められるのだ。

古生物学の扉は誰にでも開かれている。厳しい環境での発掘だけが古生物学者の仕事ではない。重要な研究のほとんどが今やコンピュータの前で行われている。古生物学の学生は数学と地質学に加えてコア科目（生物、物理、化学）を学ぶ。古生物界隈の職業の多くが少なくとも生物学、地質学、または古生物学の学士であることを条件としている。また古生物学の修士号と学芸員またはプレパレーターとしての知識が求められることも多く、大学や主要博物館の研究職には博士課程の修了が必要となる。さまざまなウェブサイトでも古生物関連の職業に就くための方法が紹介されている。

恐竜が好きならば、地元の博物館で発掘体験に参加したり、古生物学者の話を聞いたりしてみるのもいいだろう。このような体験は科学のどんな分野でも興味深いものだ。また、多くの国では若者がこうした科学分野に進路を見出すことを期待している。恐竜とその生態について学べば学ぶほど、未知の世界に驚かされるだろう！

右
古生物学関連の職業は、実践的で手先を使う作業が得意な人や、子どもや人々との関わりを好む人に向いている。ラボ（写真上）ではプレパレーターが化石を覆う岩を専用機材で取り除いている。この作業は発生した粉塵が集塵機で吸い取られるよう仕切りの中で行われる。博物館では古生物学者の研究成果が来館者の注目を集める（写真下）。多くの博物館では恐竜の展示を行い、古生物学者が研究について紹介できる機会を設けている。

次ページ
ジュラ紀中期のイギリスの風景。獣脚類のクルキケイロス（左）が、砂浜に打ち上げられた海棲ワニ類のステネオサウルスの死骸のにおいに誘われている。獣脚類は自ら狩りをして捕食するハンターだが、現在の肉食動物のように動物の死骸を見つけて食べることもあった。

56

参考文献

第1章：恐竜の全体像

Barker, C. 2020. *The Ultimate Dinosaur Encyclopedia*. Wellbeck, London.

Benton, M. J. 2019. *The Dinosaurs Rediscovered. How a Scientific Revolution is Rewriting History*. Thames & Hudson, New York, London.
〔邦訳書は『恐竜研究の最前線：謎はいかにして解き明かされたのか』マイケル・J・ベントン著、久保田克博／千葉謙太郎／田中康平監訳、喜多直子訳、創元社、2021年〕

Benton, M. J. 2019. *Cowen's History of Life*. Wiley, New York.
〔邦訳書は『コーウェン地球生命史』マイケル・ベントン編、ロバート・ジェンキンズ／久保泰監訳、鶴田暁子訳、東京化学同人、2023年〕

Brusatte, S. 2018. *The Rise and Fall of the Dinosaurs*. Macmillan, London.
〔邦訳書は『恐竜の世界史：負け犬が覇者となり、絶滅するまで』スティーブ・ブルサッテ著、土屋健監修、黒川耕大訳、みすず書房、2019年〕

Fastovksy, D. E. & Weishampel, D. B. 2021. *Dinosaurs: A Concise Natural History*. Cambridge University Press, Cambridge.

Lomax, D. R. 2021. *Locked in Time. Animal Behavior Unearthed in 50 Extraordinary Fossils*. Columbia University Press, New York.

Naish, D. 2023. *Ancient Sea Reptiles: Plesiosaurs, Ichthyosaurs, Mosasaurs and More*. Natural History Museum, London.

Witton, M. P. 2013. *Pterosaurs: Natural History, Evolution, Anatomy*. Princeton University Press, Princeton.

第2章：生理学

Benton, M. J. 2021. *Dinosaurs. New Visions of a Lost World*. Thames & Hudson, New York, London.

Benton, M. J., Dhouailly, D., Jiang, B., & McNamara, M. 2019. The early origin of feathers. *Trends in Ecology & Evolution* 34, 856–869.

Ksepka, D. T. 2020. Feathered dinosaurs. *Current Biology* 30, R1347–R1353.

White, S. & Naish, D. 2022. *Mesozoic Art: Dinosaurs and Other Ancient Animals in Art*. Bloomsbury Wildlife, London.

Woodruff, C. & Wolff, E. 2022. Sauro-throat. *The Linnean* 38, 9–13.

Xing, L., McKellar, R. C., Xu, X., Li, G., Bai, M., Persons, W. S., Miyashita, T., Benton, M. J., Zhang, J., Wolfe, A. P., & Yi, Q. 2016. A feathered dinosaur tail with primitive plumage trapped in mid-Cretaceous amber. *Current Biology* 26, 3352–3360.

第3章：移動運動

Alexander, R. M. 1976. Estimates of speeds of dinosaurs. *Nature* 261, 129–130.

Biewener, A. A. & Patek, S. N. 2018. *Animal Locomotion*. Oxford University Press, Oxford, New York.

Brusatte, S. L., O’Connor, J. K., &Jarvis, E. D. 2015. The origin and diversification of birds. *Current Biology* 25, R888–R898.

Chiappe, L. M. 2007. *Glorified Dinosaurs: The Origin and Early Evolution of Birds*. Wiley, New York.

Gatesy, S. M., Middleton, K. M., Jr, F. A. J., & Shubin, N. H. 1999. Three-dimensional preservation of foot movements in Triassic theropod dinosaurs. *Nature* 399, 141–144.

Klein, N., Remes, K., Gee, C. T., & Sander, P. M., eds. 2011. *Biology of the Sauropod Dinosaurs: Understanding the Life of Giants*. Indiana University Press, Bloomington.

Richter, A. & Falkingham, P. L. 2016. *Dinosaur Tracks: The Next Steps*. Indiana University Press, Bloomington.

Sander, P. M., Christian, A., Clauss, M., Fechner, R., Gee, C. T., Griebeler, E. M., Gunga, H. C., Hummel, J., Mallison, H., Perry, S. F., & Preuschoft, H., 2011. Biology of the sauropod dinosaurs: the evolution of gigantism. *Biological Reviews* 86, 117–155.

Xu, X., Zhou, Z., Dudley, R., Mackem, S., Chuong, C. M., Erickson, G. M., & Varricchio, D. J. 2014. An integrative approach to understanding bird origins. *Science* 346, 1253293.

第4章：感覚と知能

Balanoff, A. M., Bever, G. S., Rowe, T. B., & Norell, M. A. 2013. Evolutionary origins of the avian brain. *Nature* 501, 93–96.

Ballell, A., King, J. L., Neenan, J. M., Rayfield, E. J., & Benton, M. J. 2021. The braincase, brain, and palaeobiology of the basal sauropodomorph dinosaur *Thecodontosaurus antiquus. Zoological Journal of the Linnean Society* 193, 541–562.

Brusatte, S. L., Norell, M. A., Carr, T. D., Erickson, G. M., Hutchinson, J. R., Balanoff, A. M., Bever, G. S., Choiniere, J. N., Makovicky, P. J., & Xu, X. 2010. Tyrannosaur paleobiology: new research on ancient exemplar organisms. *Science* 329, 1481–1485.

Buchholtz, E. 2012. *Dinosaur Paleoneurology*. Indiana University Press, Bloomington.

Choiniere, J. N., Neenan, J. M., Schmitz, L., Ford, D. P., Chapelle, K. E., Balanoff, A. M., Sipla, J. S., Georgi, J. A., Walsh, S. A., Norell, M. A., & Xu, X. 2021. Evolution of vision and hearing modalities in theropod dinosaurs. *Science* 372, 610–613.

Ksepka, D. T. 2021. Bird brain evolution. *American Scientist* 109, 352–360.

Parrish, J. M., Molnar, R. E., Currie, P. J., & Koppelhus, E. B. eds. 2013. *Tyrannosaurid Paleobiology*. Indiana University Press, Bloomington.

第5章：摂食行動

Barrett, P. M. 2014. Paleobiology of herbivorous dinosaurs. *Annual Review of Earth and Planetary Sciences* 42, 207–230.

Barrett, P. M. & Rayfield, E. J. 2006. Ecological and evolutionary implications of dinosaur feeding behaviour. *Trends in Ecology & Evolution* 21, 217–224.

Button, D. J., Rayfield, E. J., & Barrett, P. M. 2014. Cranial biomechanics underpins high sauropod diversity in resource-poor environments. *Proceedings of the Royal Society B* 281, 20142114.

Chin, K., Tokaryk, T. T., Erickson, G. M., & Calk, L. C. 1998. A king-sized theropod coprolite. *Nature* 393, 680–682.

Rayfield, E. J. 2007. Finite element analysis and understanding the biomechanics and evolution of living and fossil organisms. *Annual Review of Earth & Planetary Sciences* 35, 541–576.

Rayfield, E. J., Norman, D. B., Horner, C. C., Horner, J. R., Smith, P. M., Thomason, J. J., & Upchurch, P. 2001. Cranial design and function in a large theropod dinosaur. *Nature* 409, 1033–1037.

Schaeffer, J., Benton, M. J., Rayfield, E. J., & Stubbs, T. L. 2020. Morphological disparity in theropod jaws: comparing discrete characters and geometric morphometrics. *Palaeontology* 63, 283–299.

Wang, S., Stiegler, J., Amiot, R., Wang, X., Du, G. H., Clark, J. M., & Xu, X. 2017. Extreme ontogenetic changes in a ceratosaurian theropod. *Current Biology* 27, 144–148.

Wolff, E. D., Salisbury, S. W., Horner, J. R., & Varricchio, D. J. 2009. Common avian infection plagued the tyrant dinosaurs. *PLoS One* 4(9), e7288.

第6章：社会的行動

Carpenter, K., Hirsch, K. F., & Horner, J. R. eds. 1996. *Dinosaur Eggs and Babies*. Cambridge University Press, Cambridge, New York.

Chiappe, L. M., Marugán-Lobón, J., Ji, S. A., & Zhou, Z. 2008. Life history of a basal bird: morphometrics of the Early Cretaceous *Confuciusornis*. *Biology Letters* 4, 719–723.

Erickson, G. M., Makovicky, P. J., Currie, P. J., Norell, M. A., Yerby, S. A., & Brochu, C. A. 2004. Gigantism and comparative life-history parameters of tyrannosaurid dinosaurs. *Nature* 430, 772–775.

Horner, J. R. 1984. The nesting behavior of dinosaurs. *Scientific American* 250(4), 130–137.

Lockley, M. G., McCrea, R. T., Buckley, L. G., Deock Lim, J., Matthews, N. A., Breithaupt, B. H., Houck, K. J., Gierliński, G. D., Surmik, D., Soo Kim, K., & Xing, L. 2016. Theropod courtship: large scale physical evidence of display arenas and avian-like scrape ceremony behavior by Cretaceous dinosaurs. *Scientific Reports* 6(1), 18952.

Mallon, J. C. 2017. Recognizing sexual dimorphism in the fossil record: lessons from nonavian dinosaurs. *Paleobiology* 43, 495–507.

Norell, M. A., Clark, J. M., Chiappe, L. M., & Dashzeveg, D. 1995. A nesting dinosaur. *Nature* 378, 774–776.

Saitta, E. T. 2015. Evidence for sexual dimorphism in the plated dinosaur *Stegosaurus mjosi* (Ornithischia, Stegosauria) from the Morrison Formation (Upper Jurassic) of western USA. *PloS One* 10(4), e0123503.

Vinther, J. 2020. Reconstructing vertebrate paleocolor. *Annual Review of Earth and Planetary Sciences* 48, 345–375.

Zhang, F., Kearns, S. L., Orr, P. J., Benton, M. J., Zhou, Z., Johnson, D., Xu, X., & Wang, X. 2010. Fossilized melanosomes and the color of Cretaceous dinosaurs and birds. *Nature* 463, 1075–1078.

Zhao, Q., Benton, M. J., Xu, X., & Sander, P. M. 2013. Juvenile-only clusters and behavior of the Early Cretaceous dinosaur *Psittacosaurus*. *Acta Paleontologica Polonica* 59, 827–833.

第7章：恐竜と人類

Black, R. 2022. *The Last Days of the Dinosaurs*. History Press, New York.

Brusatte, S. L., Butler, R. J., Barrett, P. M., Carrano, M. T., Evans, D. C., Lloyd, G. T., Mannion, P. D., Norell, M. A., Peppe, D. J., Upchurch, P., & Williamson, T. E. 2015. The extinction of the dinosaurs. *Biological Reviews* 90, 628–642.

Condamine, F. L., Guinot, G., Benton, M. J., & Currie, P. J. 2021. Dinosaur biodiversity declined well before the asteroid impact, influenced by ecological and environmental pressures. *Nature Communications* 12(1), 3833.

During, M. A., Smit, J., Voeten, D. F., Berruyer, C., Tafforeau, P., Sanchez, S., Stein, K. H., Verdegaal-Warmerdam, S. J., & van der Lubbe, J. H. 2022. The Mesozoic terminated in boreal spring. *Nature* 603, 91–94.

Gregory, J. 2019. *Paleontologist*. AV, New York.

Vangelova, L. 2019. Paleontologist. *The Science Teacher* 86, 64–65.

索 引

な行

は行

ま行

や行・ら行・わ行

【人名】

あ行

か行・さ行

た行・な行

は行

ま行・ら行・わ行

【その他】

あ行

か行

さ行

た行

な行

は行

ま行

や行・ら行・わ行

写真クレジット

Special thanks to: **62–3** Lida Xing, China University of Geosciences, Beijing, **84** Courtesy of Anthony R. Fiorillo, **90–1** Stephen Gatesy at Brown University, Rhode Island, **107** Comparing Dinosaur and Bird Brains: WitmerLab at Ohio University, **109** Infographic created by Antonio Ballell Mayoral. Original *Thecodontosaurus antiquus* silhouette by Jaime Headden, **125** Jonah Choiniere at University of the Witwatersrand, Johannesburg, **127** Mike Benton, **128** *Archaeopteryx* endocast by Amy Balanoff, **141** Emily Rayfield, University of Bristol, **148** Ewan Wolffe, **153** Seed photographs courtesy of Leonardo Salgado et al, **173** Klara Nordén, **183** Juvenile *Psittacosaurus* courtesy of Dr Qi Zhao (IVPP, Beijing, China), **187** Titanosaurian embryo photographs courtesy of Martin Kundrat, **202** Melanie During

13 Mx. Granger, CC0, via Wikimedia Commons, **15** slowmotiongli/Adobe Stock, **28** Puwadol Jaturawutthichai/Shutterstock, **31** Roderick Chen/All Canada Photos/Alamy Stock Photo, **41** James L. Amos, CC0, via Wikimedia Commons, **42** Lou-Foto/Alamy Stock Photo, **48–49** Chris Sampson, CC BY 2.0 creativecommons.org/licenses/by/2.0, via Wikimedia Commons, **50** top United Archives GmbH/Alamy Stock Photo, **50** bottom ScreenProd/Photononstop/Alamy Stock Photo, **53** Orhan Cam/Shutterstock, **61** Sam/Olai Ose/Skjaervoy from Zhangjiagang, China, CC BY-SA 2.0 creativecommons.org/licenses/by-sa/2.0, via Wikimedia Commons, **108** Dilip Vishwanat, **117** Dale A. Russell and Ron Séguin © Canadian Museum of Nature, **139** top stockdevil/Adobe Stock, **139** bottom Francois Gohier/ardea.com/agefotostock, **144** Tiouraren (Y.-C. Tsai), CC BY-SA 4.0 creativecommons.org/licenses/by-sa/4.0, via Wikimedia Commons, **145** Holgado B, Dalla Vecchia FM, Fortuny J, Bernardini F, Tuniz C (2015) A Reappraisal of the Purported Gastric Pellet with Pterosaurian Bones from the Upper Triassic of Italy. PLoS ONE 10(11): e0141275. https://doi.org/10.1371/journal.pone.0141275, **147** United States Geological Survey, Public domain, via Wikimedia Commons, **148** Wolff EDS, Salisbury SW, Horner JR, Varricchio DJ (2009) Common Avian Infection Plagued the Tyrant Dinosaurs. PLoS ONE 4(9): e7288. https://doi.org/10.1371/journal.pone.0007288, **173** 1. Brown-headed cowbird: ksblack99/Public Domain/Flickr, 2. Nicobar pigeon: Vassil, CC0, via Wikimedia Commons, 3. Elegant trogon: ALAN SCHMIERER/Public Domain/Flickr, 4. Variable sunbird: Leonard A. Floyd/Public Domain/Flickr, 5. Ruby-throated hummingbird: ksblack99/Public Domain/Flickr, 6. *Phasanius colchius*: Save nature and wildlife/Shutterstock, 7. Anas *fulvigula*: Sharon Wegner-Larsen/Public Domain/phylopic.org, 8. Trogon, 9. Hummingbird, and 10. Starling: Ferran Sayol/Public Domain/phylopic.org, **178** Dinoguy2, CC SA 1.0 <http://creativecommons.org/licenses/sa/1.0/>, via Wikimedia Commons, **205** Bert Willaert/Nature Picture Library/Alamy Stock Photo, **212** top JOSEPH NETTIS/SCIENCE PHOTO LIBRARY, **212** bottom Felix Choo/Alamy Stock Photo

謝辞

マイケル・J・ベントン

本書を形にしてくれたUniPressチームに心から感謝する。本書を提案し企画してくれたケイト・ダフィーとケイト・シャナハン、そして、忍耐強くテキストとイラストの編集と修正にあたってくれたケイティ・クロウスにお礼申し上げる。

本書はボブ・ニコルズのすばらしいアートなくしては完成しなかった。最大の感謝を。

ボブ・ニコルズ

私のパレオアートを評価しサポートしてくれたマイケル・ベントンに深く感謝する。また、完成を信じて待っていてくれたケイティ・クロウスとアレックス・ココにも心から感謝したい。そして、ヴィクトリアとダーシーとホリー。昼も夜も週末も、パパが恐竜の絵を描き続けるのを何カ月も辛抱強く待っていてくれてありがとう。さあ、一緒に休暇とチョコレートを楽しもう！

著者紹介

マイケル・J・ベントン（Michael J. Benton）

ブリストル大学の古生物学（脊椎動物）の教授。王立協会会員。著書に*Dinosaurs: New Visions of a Lost World, Dinosaurs Rediscovered: The Scientific Revolution in Paleontology, When Life Nearly Died: The Greatest Mass Extinction of All Time*、『恐竜研究の最前線』（創元社）などがある。

ボブ・ニコルズ（Bob Nicholls）

世界中の博物館や大学で作品が展示されている一流の古生物復元画家。*Dinosaur Art* や *The Complete Dinosaur* など、数多くの書籍に作品が掲載されている。

監訳者紹介

久保田克博（くぼた・かつひろ）

1979年群馬県生まれ。2002年筑波大学第一学群自然学類卒業。2008年筑波大学大学院生命環境科学研究科修了。博士号取得。現在、大阪市立自然史博物館学芸員。主な著書に『恐竜研究の最前線』（共監訳、2021年、創元社）、『キミならどうする!?　もしもサバイバル恐竜時代で生きのこる方法』（監修、2021年、ポプラ社）、『英語が聞ける！　親子で読めるたのしいきょうりゅうずかん』（監修、2024年、ナツメ社）などがある。

田中康平（たなか・こうへい）

1985年名古屋市生まれ。2008年北海道大学理学部卒業。2017年カルガリー大学地球科学科修了。Ph.D.。日本学術振興会特別研究員（名古屋大学博物館）を経て、現在、筑波大学生命環境系助教。主な著書に『恐竜学者は止まらない！』（2021年、創元社）、『最強の恐竜』（2024年、新潮社）、『恐竜最後の日』（監修、2024年、化学同人）などがある。NHKラジオ「子ども科学電話相談」の回答者としても活躍中。

訳者紹介

喜多直子（きた・なおこ）

和歌山県生まれ。訳書に『恐竜研究の最前線』『恐竜と古代の生き物図鑑』（創元社）、『イヌ全史』『あなたの犬を世界でいちばん幸せにする方法』（日経ナショナルジオグラフィック）、『サファリ』『ダイナソー』（大日本絵画）、『名画のなかの猫』『名画のなかの美しいカラス』（エクスナレッジ）、『傷つきやすいのに刺激を求める人たち』（フォレスト出版）などがある。